电子技术实验与实训

主 编　王　霞

副主编　王留留　陆　磊

东南大学出版社
SOUTHEAST UNIVERSITY PRESS
· 南京 ·

内容提要

本书为淮南师范学院电子工程学院电子基础实验中心教师共同编著的实验教材。全书共分 4 篇。第 1 篇介绍了电子技术实验中所用到的电子元件的基本知识,误差的基本概念及实验数据的处理;第 2 篇详细介绍了模拟电子技术实验;第 3 篇介绍了数字电子技术实验。实验部分增加了设计性、研究性内容,实验项目内容详细完整。第 4 篇是电子技术实训,介绍了电子产品安装调试的基础知识及部分电子产品安装实例。附录介绍了部分电子仪器及 Multisim 仿真软件,还有常用集成电路符号及引脚排列供查阅。

本书可作为高等院校工科电子、通信、自动化、电气类各专业的电子技术实验实训课程教材,也可供从事电路设计的技术人员参考。

图书在版编目(CIP)数据

电子技术实验与实训 / 王霞主编. — 南京 : 东南大学出版社,2016.1(2023.7重印)
ISBN 978 - 7 - 5641 - 6180 - 4

Ⅰ. ①电… Ⅱ. ①王… Ⅲ. ①电子技术—高等职业教育—教材 Ⅳ. ①TN

中国版本图书馆 CIP 数据核字(2015)第 294722 号

电子技术实验与实训

出版发行	东南大学出版社	
出 版 人	江建中	
社 址	南京市四牌楼 2 号	
邮 编	210096	
经 销	江苏省新华书店	
印 刷	兴化印刷有限责任公司	
开 本	787 mm × 1092 mm 1/16	
印 张	12.5	
字 数	320 千字	
书 号	ISBN 978 - 7 - 5641 - 6180 - 4	
版 次	2016 年 1 月第 1 版	
印 次	2023 年 7 月第 7 次印刷	
印 数	9801—10800 册	
定 价	32.00 元	

(凡有印装质量问题,请与我社营销部联系。电话:025—83791830)

前　言

本教材基于教育部高等学校电子信息科学与电气信息类基础课程教育指导分委会 2004 年修订的《高等学校电工电子课程教学基本要求》，针对人才培养方案，吸取了多位教师近年来实验改革的经验编撰而成。

本教材的特色之一是，每个实验内容都按从易到难、由浅入深、循序渐进的原则编写，既保留了传统的验证性内容，又增加了设计、研究性要求。实验指导教师可根据学生的实际情况，对实验内容有所取舍，对实验项目有所选择。

本教材的特色之二是，既考虑到与理论课教材的衔接、呼应和配套，又不失实验教材的自身独立体系。在编写实验项目时已经顾及所用实验仪器、设备和实验器材的通用性及实验装置的开放性。

本教材特色之三是，增加了电子技术实训内容。编者结合我院电子工艺实训实际，编写了电子实训基本知识及多个电子实训实例，学生可根据实际情况选择实训项目。

成功的实验基于准确的测量和正确的使用实验仪器，考虑目前学生的实际情况，本教材在第 1 篇中简要地介绍了电子技术实验中所用到的电子元件、误差基本知识和实验数据处理，学生在进入实验室进行电子技术实验前，必须通过自学了解上述内容。

为了进一步提高电子技术实验的教学质量，本教材增加了"实验要求"，实验指导教师则可根据此来检查学生的实验完成情况。

本教材第 1 篇、第 4 篇部分内容及附录 2 由王霞编写，第 2 篇、第 3 篇部分内容及附录 1 由王留留编写，第 2 篇、第 3 篇部分内容由陆磊编写，第 3 篇部分内容和附录 3 由朱婕编写，第 4 篇部分内容由沈晓波编写。参加本教材编写的还有钱军、徐刚、陈景霞和宇文珊等。

由于编者的水平有限，本教材中难免有疏漏和不妥之处，殷切希望得到读者的批评指正。

编　者

2015 年 10 月于淮南

目　录

第1篇　电子技术实验基础知识

第2篇　模拟电子技术实验

第3篇　数字电子技术实验

第 4 篇　电子技术实训

附　录

第1篇　电子技术实验基础知识

1　电子元器件识别与测量

电子电路由各种电路元器件组成,其性能和应用范围有很大不同,随着电子工业的飞速发展,电子元器件中的新产品层出不穷,其品种规格十分繁杂。为了能对电子元器件有初步了解,并能较合理地选择和使用,这里只对电阻器、电位器、电容器、电感器及变压器等最常用电子元器件作简要介绍。

1.1　电阻器

电阻器是电子元器件中最常用的一种,它是耗能元件,在电路中起分配电压、电流的作用,常用作负载和阻抗匹配等。

(1) 电阻器符号

电阻器在电路图中用字母 R 表示。常用的图形符号如图 1-1-1 表示。

图 1-1-1　电阻器符号

(2) 电阻器的分类

电阻器种类很多,按工艺结构和材料分为:薄膜型电阻器和线绕型电阻器,其结构和特点如下:

①薄膜电阻　它按结构和材料的不同,又分为碳膜电阻器和金属电阻器。

碳膜电阻器:碳膜电阻是在绝缘材料做的骨架上覆盖一层结晶碳膜,然后用刻槽的方法来确定阻值的大小,为了防潮和绝缘,其表面涂有一层薄漆,这种电阻器稳定性好,价格便宜,所以被广泛使用。

金属膜电阻器:一般用真空蒸发或烧渗法在陶瓷体上形成一层金属薄膜。这种电阻器具有耐高温,稳定性和精密度高,体积小的特点,但价格相对较高。

②线绕电阻　用电阻线绕在绝缘骨架上,外层涂有耐高温的绝缘层,其特点是工作稳定,耐热性能好,适用于大功率场合,其额定功率在 1 W 以上。缺点是固有电感和固有电容大,不宜应用于高频工作情况。

(3) 电阻器的主要参数

电阻器主要有标称阻值、允许误差(精度等级)、额定功率这三项主要指标,另外还有温度系数、噪声、高频特性及最高工作电压等,这里就不一一介绍了。

①标称阻值　电阻器阻值的大小,不是无穷多个连续数值,而是按照一定规律制造的。产品出厂时标注在电阻上的值就是标称值。电阻值上的标称值是国家标准规定的电阻值。不同精度的电阻器,其阻值系列不同。称为标称系列,见表1-1-1。阻值的单位为欧姆(Ω)。

表1-1-1　电阻器标称值系列

标称值系列	允许误差	精度等级	电阻器标称值
E24	$\pm 5\%$	Ⅰ	1.0　1.1　1.2　1.3　1.5　1.6　1.8　2.0　2.4 2.7　3.0　3.3　3.9　4.3　4.7　5.1　5.6　6.2 6.8　7.5　8.2　9.1
E12	$\pm 10\%$	Ⅱ	1.0　1.2　1.5　1.8　2.2　2.7　3.3　3.9　4.7 5.6　6.8　8.2
E6	$\pm 20\%$	Ⅲ	1.0　1.5　2.2　3.3　4.7　6.8

②允许误差　电阻器的允许误差是指电阻器的实际阻值对于标称阻值的最大允许误差范围,它表示产品的精度,允许误差越小,精度越高。普通电阻器允许误差为$\pm 5\%$、$\pm 10\%$及$\pm 20\%$三个等级。精密电阻器允许误差在$\pm 2\%$以下。

③额定功率　电阻器的额定功率是指在规定的环境和温度下,电阻器长期连续工作而其性能不变所允许消耗的最大功率称电阻器的额定功率。当超过额定功率时,电阻器的阻值将发生变化,甚至发热烧坏。为了保证安全使用,一般选其额定功率比电路中消耗的功率高1～2倍。

额定功率分19个等级,常用的有:1/20 W、1/8 W、1/4 W、1/2 W、1 W、2 W、4 W、5 W……。实际上应用较多的有1/4 W、1/2 W、2 W、4 W。

(4) 电阻器的色标法

电阻器的阻值和误差,一般用数值标印在电阻上。有一些体积较小的电阻器其阻值和误差用色环(或色点)表示。称为电阻器的色标法。这种电阻常被称为"色环电阻"。色环电阻通常有四个色环,位置靠近电阻器的一端,从端点向中间依次为第1～4色环。第一色环表示电阻阻值有效数值的高位,第二色环表示有效数值的低位,第三色环表示乘数(10^n),第四色环表示允许误差。色标法中颜色代表的数值见表1-1-2。

表1-1-2　色标法中颜色代表的数值

意义　　颜色 　　　数值	银	金	黑	棕	红	橙	黄	绿	蓝	紫	灰	白
有效数字	—	—	0	1	2	3	4	5	6	7	8	9
乘数 10^n	−2	−1	0	1	2	3	4	5	6	7	8	9
允许误差(%)	± 10	± 5	—	± 1	± 1	—	—	± 0.5	± 0.2	± 0.1	—	$+50\sim-20$

精密电阻器常采用五道色环表示其阻值和误差,第1～3色环分别表示电阻值从高到低的三位有效数值,第四色环表示乘数,第五色环表示允许误差。

（5）电阻器的测量

电阻器的阻值及误差无论是数标还是色标，一般出厂时都标好。若需要测量电阻器的阻值，通常用万用表的欧姆挡。用指针式万用表欧姆挡时，首先要进行调零，选择合适的挡位，使指针尽可能指示在表盘中部，以提高测量精度。如果用数字万用表测量电阻器的阻值，其测量精度要高于指针式万用表。对于大阻值电阻器，不能用手捏着电阻的引线两端来测量，防止人体电阻与被测电阻并联，使测量值不准确。对于小电阻值的电阻器，要将引线刮干净，保证表笔与电阻引线良好接触。对于高精度电阻可采用电桥进行测量，对于大电阻值低精度的电阻器可采用兆欧表进行测量。

1.2　电位器

电位器是一种具有三个接头的可变电阻器，其阻值在一定范围内连续可调。

（1）符号和分类

电位器的图形符号为图 1-1-2：

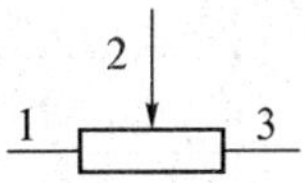

图 1-1-2　电位器的图形符号

在电路中用字母 R_p 表示。按材料分为碳膜电位器和线绕电位器。

碳膜电位器采用碳粉和树脂的混合物喷涂在马蹄形胶版上制成。其阻值连续可调，分辨率高，阻值范围大，工作频率范围宽，但功率较小，且受湿度和温度的影响较大。

线绕电位器是用电阻丝绕在绝缘支架上，再装入基座内，并配上转动系统组成，其阻值范围几十至几十千欧。最大优点是耐热性能好，能承受较大功率，且精度较高，适用于低频率大功率电路。

电位器按结构分，还可分为单圈电位器，多圈电位器，多圈微调电位器，双联、多联电位器，带开关电位器，半可调电位器，锁紧电位器等。

电位器按调节方式分类，可分为旋转式电位器、直滑式电位器。

（2）主要参数

①标称值和允许误差　电位器同电阻器一样，有标称值和允许误差，见表 1-1-3。

表 1-1-3　标称系列

系列值（10^n Ω，n 为整数）	允许误差
1.0　1.2　1.8　2.2　3.3　3.9　4.7　5.6　6.8　8.2	±10%　±5%
1.0　1.5　2.2　3.3　4.7　6.8	±2%　±1%

②电位器的额定功率　电位器的额定功率是指两个固定端之间允许耗散的最大功率。电位器的额定功率见表 1-1-4。

表 1-1-4　电位器的额定功率

类型	额定功率(W)
线绕电位器	0.05　0.15　0.25　0.5　1　2　5　10　25　50　100
非线绕电位器	0.025　0.05　0.1　0.25　0.5　1　2　3

③阻值变化律　电位器的阻值变化规律是阻值随滑动片触点旋转角度(或滑动行程)之间的变化关系。这种关系常用的有直线式、对数式和指数式。在使用中,直线式电位器适用于分压、偏流的调整。对数式电位器适用于音调控制和电视机对比度调整。指数式电位器适用于做音量控制。

(3)标注方法

电位器一般都采用直标法,其类型、阻值、额定功率及误差都直接标在电位器上。电位器常用标志符号见表 1-1-5。

表 1-1-5　电位器常用标志符号及意义

标志符号	意义
WT	碳膜电位器
WH	合成碳膜电位器
WN	无机实心电位器
WX	线绕电位器
WS	有机实心电位器
WI	玻璃釉电位器
WJ	金属膜电位器
WY	氧化膜电位器

(4)电位器的测量

根据电位器的标称阻值大小适当选择万用表欧姆挡的挡位,测量电位器两固定端的电阻值是否与标称值相符,如果万用表指针不动,则表明电阻体与其相应的引出端断了。若万用表指示的阻值比标称阻值大许多,表明电位器已坏。

测量滑动端与任一固定端之间阻值变化时,开始时最小值越小越好,慢慢移动滑动端,如果万用表指针移动平稳,没有跳动和跌落的现象,表明电位器电阻体良好,滑动接触可靠。当滑动端移到极限位置时,电阻值为最大并与标称值一致,由此说明此电位器较好。

1.3　电容器

电容器是一种储能元件,在电路中具有隔直通交特性,用于调谐、滤波、耦合、旁路和能量转换等。电容器一般由两个金属电极中间夹一层介质构成。

(1)图形符号

电容器在电路中用字母 C 表示,常用的图形符号如图 1-1-3 所示。

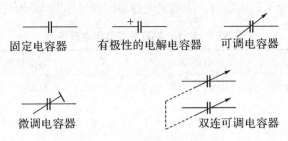

图 1-1-3　电容器图形符号

电容器的单位用:F(法拉)、mF(毫法)、μF(微法)、nF(纳法)、pF(皮法)表示。

(2) 电容器的种类

电容器有许多种,按介质材料分,有纸介质电容器、金属化纸电容器、薄膜电容器、云母电容器、瓷介电容器及电解电容器等。电解电容又分铝电解、钽电解、金属电解电容器等。按电容器的容量调节来分,又可分为固定电容器、半可调(微调)电容器、可调电容器、双连可调电容器等。另外还有多种片式电容器,如片式独石电容器、片式云母电容器、片式有机薄膜电容器等。下面介绍几种常用的电容器的构成特点和用途。

纸介电容器:纸介电容器用两片金属箔做电极,用纸做介质构成。其体积较小,容量可做得大,温度系数较大,稳定性差,损耗大,且有较大固定电感,适用于要求不高的低频电路。

油浸纸介电容器:将纸介电容浸在特定的油中可使其耐压较高。这种电容器容量大,但体积也较大。

有机薄膜介质电容器:涤纶电容器介质常数较高,体积小,容量大,稳定性好,适宜做旁路电容。聚苯乙烯电容器介质损耗小,绝缘电阻高,稳定性好,温度性能较差,可用做高频电路和定时电路中 RC 时间常数电路。聚四氟乙烯电容器耐高温(达 250 ℃)和化学腐蚀,电参数、温度及频率特性好,但成本较高。

云母电容器:用云母做介质,其介质损耗小,绝缘电阻大,精度高,稳定性好,适用于高频电路。

陶瓷电容:用陶瓷做介质,其损耗小,绝缘电阻大,稳定性好,适用于高频电路。

铝电解电容:容量大,可达几个法,成本较低,但漏电大,寿命短,适用于电源滤波或低频电路。

钽、铌电解电容器:体积小,容量大,性能稳定,寿命长,绝缘电阻大,温度特性好,但介质较贵,适用于要求较高的设备中。

(3) 电容器的主要参数

①额定工作电压(耐压)　电容器额定工作电压就是通常所说的耐压,它是指电容器长期连续可靠工作时,极间电压不允许超过的规定电压值,否则电容器就会被击穿损坏。额定工作电压值一般以直流电压标出。其系列标准为 6.3 V,10 V,16 V,25 V,40 V,63 V,100 V,160 V,400 V,500 V,630 V 等。电解电容器的标准还有 32 V,50 V,125 V,300 V,450 V。

②标称值与允许误差　电容量是电容器的最基本的参数,其标准值通常标在电容器外

壳上,标称值是标准化了的电容值。固定式电容器的容量标准系列值如表 1-1-6 所示。

表 1-1-6　电容器容量标称系列

电容器类型	允许误差	容量范围	容量标称值
纸介、金属化纸介、低频有极性有机薄膜介质	±5%	100 pF~1 μF	1.0　1.5　2.2　2.3　4.7　6.8
	±10% ±20%	1~100 μF	1　2　4　6　8　10　15　20　30　60　80　100
陶瓷、云母、玻璃釉、高频有极性有机薄膜介质	±5%	其容量为标称值乘以 10^n（n 为整数）	1.0　1.1　1.2　1.3　1.5　1.6　1.8　2.0　2.2 2.4　2.7　3.0　3.3　3.6　3.9　4.3　4.7　5.1 5.6　6.2　6.8　7.5　8.2　9.1
	±10%		1.0　1.2　1.5　1.8　2.2　2.7　3.3　3.9　4.7 5.6　6.8　8.2
	±20%		1.0　1.5　2.2　3.3　4.7　6.8
铝、钽、铌电解电容器	±10% ±20%		1.0　1.5　2.2　3.3　4.7　6.8

电容器的允许误差是用实际电容量与标称电容量之间偏差的百分数来表示的,电容器的允许误差一般分七个等级,如表 1-1-7 所示。

表 1-1-7　电容器的误差等级

级别	0.2	I	II	III	IV	V	VI
允许误差	±2%	±5%	±10%	±20%	+20%～-30%	+50%～-20%	+100%～-10%

③绝缘电阻　电容器的绝缘电阻是指电容器两极之间的电阻,在数值上等于加在电容器上的直流电压与漏电流之比,或称漏电电阻。理想电容器的绝缘电阻应为无穷大。电容器中的介质并非绝对绝缘体,总有一些漏电流产生。除电解电容器外,一般电容器漏电流很小。电容器漏电流越大,绝缘电阻越小,当漏电流过大时,电容器发热,破坏电解质的特性,导致电容器击穿损坏。使用中应选择绝缘电阻大的电容器。非电解电容器的绝缘电阻一般在 10^6~10^{12} Ω 之间。

(4) 规格标注方法

电容器的规格标注方法有直标法、数码表示法和色标法。

直标法:它是将主要参数和技术指标直接标注在电容器表面。

如 10m 表示 10 000 μF;33n 表示 0.033 μF;4u7 表示 4.7 μF;5n3 表示 5 300 pF;3p3 表示 3.3 pF;p10 表示 0.1 pF。允许误差直接用百分数表示。

数码表示法:不标单位,直接用数码表示容量。如 4 700 表示 4 700 pF;360 表示 360 pF;0.068 表示 0.068 μF。用三位数码表示容量大小,单位 pF,前两位是电容器的有效数值,后一位是零的个数。如 103 表示 $10×10^3$ pF;223 表示 22 000 pF;如第三位是 9,则乘 10^{-1},如 339 表示 $33×10^{-1}$=3.3 pF。

色标法:如电容器的色标法与电阻相似。色标颜色的意义与电阻相同。色标通常有三种颜色,沿着引线方向,前两种表示有效数值,第三种色标表示有效数字后面零的个数,单位为 pF。

（5）电容器的测量

电容器在使用之前要对其性能进行检查,检查电容器是否有漏电、短路、断路、失效等。

漏电测量:用万用表 $R \times 1$ 或 $R \times 10k$ 挡测量电容器,指针一般回到∞位置附近,指针稳定时的读数为电容器的绝缘电阻,阻值越大,表明漏电越小,如指针距零欧近,表明漏电太大不能使用。有的电容器漏电电阻达到∞位置后,又向零欧方向摆动,表明漏电严重,也不能使用。若摆到零欧不再返回,表明电容器已击穿短路。

电容量的测量:指针式万用表的欧姆挡 $R \times 1$ 或 $R \times 10k$ 挡测电容器的容量,开始指针快速正偏一个角度,然后逐渐向∞方向退回。再互换表笔测量,指针偏转角度比上次更大,回∞的速度越慢表示电容量越大。若回∞的速度太慢,说明电容量较大,可将欧姆挡量程减小。与已知电容量的电容作比较测量就可估计被测电容量的大小。这种方法只能用于测量较大容量的电容器。0.01 μF 以下的电容指针偏转太小,不易看出。小电容器可以用数字万用表直接测量。

判别电解电容极性:因电解电容正反不同接法时的绝缘电阻相差较大,所以可用指针式万用表欧姆挡测电解电容器的漏电电阻,并记下该阻值,然后调换表笔再测一次,测得的两个漏电电阻中,大的那次黑表笔接电解电容的正极,红表笔接负极。

1.4　电感器

电感器是根据电磁感应原理制成,一般由导线绕制而成。电感器在直流电路中具有导通直流电,阻止交流电的能力,它主要用于调谐、振荡、滤波、耦合、均衡、延迟、匹配、补偿等电路。

（1）电感器符号

电感器在电路中用字母 L 表示。常用的图形符号如图 1-1-4 所示。

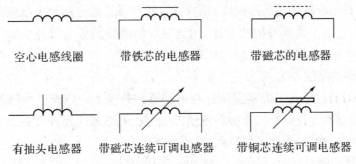

空心电感线圈　　带铁芯的电感器　　带磁芯的电感器

有抽头电感器　　带磁芯连续可调电感器　　带铜芯连续可调电感器

图 1-1-4　电感器图形符号

（2）电感器种类

电感器一般称为电感线圈,它的种类很多,分类方法也不一样。按电感器的工作特征分为:固定电感器、可变电感器及微调电感器。按结构特点分为:单层线圈、多层线圈、蜂房线圈、带磁芯线圈、可变电感线圈以及低频扼流圈。各种电感线圈都具有不同的特点和用途。但它们都是用漆包线、纱包线、裸铜线绕在绝缘骨架上或铁芯上构成的。下面介绍几种常用的电感器。

固定电感(色码电感):它是指由生产厂家制造的带有磁芯的电感器,也称微型电感,这种电感器是将导线绕在磁芯上,然后用塑料壳封装或用环氧树脂包封。这种电感体积小重量轻,结构牢固,安装方便。

低频扼流圈:低频扼流圈是一种具有铁心的电感线圈,线圈圈数一般在几千圈以上,各层之间用绝缘薄膜隔开,整个线圈都要经过浸漆烘干处理,线圈导线的粗细由额定电流和绕制方法决定。它与电容器组成滤波电路,消除整流后残存的交流成分,让直流通过,其电感量一般较大。

高频扼流圈:高频扼流圈在电路中,用来阻止高频信号通过而让低频交流信号和直流通过。在额定电流下,电感量固定,它的电感量一般只有几微亨。

(3) 电感器的主要参数

电感量:电感量的单位是亨利,简称亨,用字母 H 表示,常用的单位还有毫亨(mH)、微亨(μH)、毫微亨(nH),换算关系为:$1\ \text{H}=10^3\ \text{mH}=10^6\ \mu\text{H}=10^9\ \text{nH}$。

电感器的电感量由线圈的圈数 N、横截面积 S、长度 l、介质磁导率 u 决定,当线圈长度远大于直径时,电感量为 $L=un^2V=uN^2S/l(\text{H})$,$n$ 为单位长度内的线圈数,V 为线圈体积。由该式可见,电感量的大小与线圈匝数、直径、内部有无磁芯、绕制方式等有直接关系。圈数越多,电感量越大。线圈内有铁芯磁芯的比无铁心磁芯的电感大。铁氧体的磁导率 u 值具有频率特性,当频率超过它的应用范围时,u 值显著降低,所以使用时要加以注意。

品质因数:由于线圈存在电阻,电阻越大其性能越差。品质因数是反映线圈质量高低的一个参数,用字母 Q 表示,$Q=\omega L/R$,Q 越大线圈损耗越小。当用在调谐电路中时,线圈的品质因数决定着调谐电路的谐振特性和频率,要求它的品质因数在 $50\sim300$。

分布电容:线圈匝与匝之间具有电容,该电容称为"分布电容"。此外多层绕组的层与层之间,绕线与底板之间,屏幕罩之间都存在着分布电容。分布电容的存在使线圈的 Q 值下降。分布电容的损耗将影响线圈的特性,严重时甚至使其失去电感的作用。为了减小分布电容,可减小线圈骨架的直径,用丝导线绕制线圈等。另外可采用一些特殊的绕法以减小分布电容,如间绕法、蜂房式绕法等。

(4) 电感器的标注方法

固定电感器的电感量用数字直接标在电感器的外壳上。色码电感已不再用色环表示,也是将电感量和允许误差直接标在电感外壳上。电感器的允许误差用Ⅰ、Ⅱ、Ⅲ即代表±5%、±10%、±20%表示,直接标在电感器外壳上。

(5) 电感器的测量

一般用指针万用表欧姆挡 $R\times1$ 或 $R\times10$ 挡,测电感器的阻值来判断电感器的好坏。若阻值为无穷大,表明电感器断路;若电阻很小,说明电感器正常。在电感器相同的电感器中,若电阻小,则 Q 值高。若要准确测量电感线圈的电感量 L 和品质因数 Q,必须用专门的仪器测量,并且步骤较复杂,这里不作介绍。

2　测量误差

在实验测量中,由于测量仪器、工具的不准确,测量方法的不恰当以及各种因素的影响,实验中测得的值和它的真实值并不完全相同,这种矛盾在数值上的表现即为误差。随着科学水平的提高和人们的经验、技巧和专业知识的丰富,误差可以被控制得越来越小,但是不能使误差降为零,这就是所谓的误差公理:一切实验结果都具有误差,误差自始至终存在于一切科学实验过程中。

2.1　测量误差的定义

测量的目的是希望获得被测量的实际大小,即真值。所谓真值,就是在一定的时间和空间环境条件下,被测量本身所具有的真实数值。实际上,在一切测量中,由于各种因素(测量设备、测量方法、测量环境和测量人员素质)的影响,测量所得的量值 x 并不准确地等于被测量的真值 A,二者之差 $(x-A=\Delta x)$ 称为测量误差。可以说,所有测量结果都带有误差。测量误差过大,可能会使测量结果变得毫无意义,不但没有利用价值,甚至带来危害。

研究误差的目的,就是要正确认识误差的性质,分析误差产生的原因及其发生规律,寻求减小或消除测量误差的方法,识别出测量结果中存在的各种性质的误差,学会数据处理的方法,使测量结果更接近于真值。

2.2　测量误差的来源

测量误差主要来自以下五个方面:

(1)仪器误差

仪器误差是由于测量仪器及其附件的设计、制造、检定等环节不完善,以及仪器使用过程中老化、磨损、疲劳等因素而使仪器带有的误差。例如,仪器仪表的零点漂移、刻度的不准确和非线性,以及数字仪器的量化误差等都属仪器误差。为减小仪器误差的影响,应根据测量任务,正确地选择测量方法,合理使用测量仪器,控制测量环境条件等。

(2)影响误差

影响误差是指由于各种环境因素(温度、湿度、振动、电源电压、电磁场等)与测量要求的条件不一致而引起的误差。

影响误差常用影响量来表征。所谓影响量,是指除了被测的量以外,凡是对测量结果有影响的量,即测量系统输入信号中的非被测量值信息的参量。测量中的影响量较多而且复杂,可以是来自系统外部环境(如环境温度、湿度、电源电压等)的外界影响量,也可以是来自仪器系统内部(如噪声、漂移等)的内部影响量,不过这里讨论的影响误差通常是指来自外部环境因素的外部影响量。

(3) 理论误差和方法误差

由于测量原理带来的(如数字化测量的量化误差),或者由于测量计算公式的近似,以致测量结果出现的误差称为理论误差。由于测量方法不合理(如用低输入阻抗的电压表去测量高输入阻抗电路上的电压)而造成的误差称为方法误差。

理论误差和方法误差通常以系统误差的形式出现,在掌握了具体原因及有关量值后,通过理论分析与计算,或者改变测量方法,这类误差是可以消除或修正的。

(4) 人身误差

人身误差是由于测量人员感官的分辨能力、反应速度、视觉疲劳、固有习惯、缺乏责任心等原因,而在测量中操作不当、现象判断出错或数据读取疏忽等而引起的误差。

减少或消除人身误差的措施有:提高测量人员操作技能、增强工作责任心、加强测量素质和能力的培养、采用自动测试技术等。

(5) 测量对象变化误差

测量过程中由于测量对象本身的变化而使得测量值不准确,如引起动态误差等。

2.3 测量误差的表示方法

测量误差有绝对误差和相对误差两种表示方法。

(1) 绝对误差

①定义。由测量所得到的被测量值 x 与其真值 A_0 之差,称为绝对误差,即

$$\Delta x = x - A_0$$

式中,Δx 为绝对误差。

由于被测量值 x(它由测量仪器显示装置指示出来,故又称为仪器的示值)总含有绝对误差,其值可能比 A_0 大(正误差),也可能比 A_0 小(负误差),因此 Δx 既有大小,又有符号和量纲。显然,绝对误差并不是误差的绝对值,而是其代数值。

某一时刻和某一位置或状态下,被测量的真值是客观存在的,是通过完善的测量所得到的量值,然而无误差的"完善的测量"是不可能的,所以在大多数场合被测量的真值是未知的,只有特殊情况下的被测量的真值才是可知的。

在计量学中标准量是已知的,它们是一种约定真值。例如,长度 1 m 是光在真空中 1/299 792 458 s 时间间隔内所行进的路程。约定真值都具有一定的不确定度,应当予以说明,长度单位 1 m 的约定真值的不确定度为 $\pm 4 \times 10^{-9}$ m。此外,对标准器具也采用了约定真值,是指在给定地点,由参考标准复现的量值。例如,作为参考标准(标准砝码、标准物质、标准仪器等)在其证书中所给出的值,是一种约定真值。

真值 A_0 是一个理想的概念,一般来说是无法得到的,所以实际应用中通常用十分接近被测量真值的实际值 A 来代替真值 A_0。实际值也称为约定真值,它是根据测量误差

的要求,用高一级以上的测量仪器或计量器具测量所得之值作为约定真值,即实际值 A。因而绝对误差更有实际意义的定义是

$$\Delta x = x - A$$

绝对误差表明了被测量的测量值与被测量的实际值间的偏离程度和方向。

②修正值。与绝对误差的绝对值大小相等,但符号相反的量值,称为修正值,用 C 表示

$$C = -\Delta x = A - x$$

测量仪器的修正值可以通过上一级标准的校准给出,修正值可以是数值表格、曲线或函数表达式等形式。在日常测量中,利用其仪器的修正值 C 和该已检仪器的示值,可求得被测量的实际值 $A = x + C$。

(2) 相对误差

绝对误差虽然可以说明测量结果偏离实际值的情况,但不能完全科学地说明测量的质量(测量结果的准确程度),不能评估整个测量结果的影响。因为一个量的准确程度,不仅与它的绝对误差的大小,而且与这个量本身的大小有关。当绝对误差相同时,这个量本身的绝对值越大,则准确程度相对越高,因此测量的准确程度需用误差的相对值来说明。

①相对误差、实际相对误差和示值相对误差。绝对误差与被测量的真值之比,称为相对误差(或称为相对真误差),用 γ 表示

$$\gamma = (\Delta x / A_\circ) \times 100\%$$

相对误差是两个有相同量纲的量的比值,只有大小和符号,没有单位。由于真值是不能确切得到的,通常用实际值 A 代替真值 $A_\circ$ 来表示相对误差,用 γ_A 表示为

$$\gamma_A = (\Delta x / A) \times 100\%$$

式中,γ_A 为实际相对误差。

在误差较小、要求不太严格的场合,也可以用测量值 x 代替实际值 A,称为示值相对误差:

$$\gamma_x = (\Delta x / x) \times 100\%$$

当 Δx 很小时,$x \approx A$,有 $\gamma_x \approx \gamma_A$。

②满度相对误差(引用相对误差)γ_m。实际中也常用测量仪器在一个量程范围内出现的最大绝对误差 Δx_m 与该量程的满刻度值(该量程的上限值与下限值之差)x_m 之比来表示的相对误差,称为满度相对误差(或称引用相对误差),用 γ_m 表示。

$$\gamma_m = (\Delta x_m / x_m) \times 100\%$$

引用相对误差是一种简化计算和方便实用的相对误差,特别是在多挡和连续刻度的仪表中,因为各挡示值和对应真值都不一样。因其分母一律取 x_m,分子取为 Δx_m,则对于

某一确定的仪器仪表,它的最大引用相对误差也是确定的,这就为计算和划分仪器的准确度等级提供了方便。

满度相对误差实际上给出了仪表各量程内绝对误差的最大值:

$$\Delta x_{\mathrm{m}} = \gamma_{\mathrm{m}} \cdot x_{\mathrm{m}}$$

电工仪表就是按引用相对误差 γ_{m} 之值进行分级的。γ_{m} 是仪表在工作条件下不应超过的最大引用相对误差,它反映了该仪表的综合误差大小。我国电工仪表共分七级:0.1、0.2、0.5、1.0、1.5、2.5 及 5.0。如果仪表为 S 级,则说明该仪表的最大引用误差不超过 S%,即 $|\gamma_{\mathrm{m}}| \leqslant \mathrm{S}\%$,但不能认为它在量程内各刻度上的示值相对误差都具有 S% 的准确度。如果某电表为 S 级,满刻度值为 x_{m},测量点示值为 x,则电表在该测量点的最大相对误差 γ_{x} 可表示为

$$\gamma_{\mathrm{x}} = (x_{\mathrm{m}}/x) \times \mathrm{S}\%$$

因 $x \leqslant x_{\mathrm{m}}$,故当 x 越接近于 x_{m} 时,γ_{x} 越接近 S%,其测量准确度越高。因此,在使用这类仪表测量时,应选择适当的量程,使示值尽可能接近于满度值,指针最好能偏转在不小于满度值 2/3 以上的区域。

③分贝误差

在电子测量中还常用到分贝误差,这实际上是相对误差的对数表示。分贝误差是用对数形式(分贝数)表示的一种相对误差,单位为分贝(dB)。分贝误差广泛用于增益(衰减)量的测量中。下面以电压增益为例,引出分贝误差的表示形式。

设双口网络(如放大器或衰减器)的电压增益实际值为 A,其分贝值 $G = 20\lg A$。若它的电压增益的测量值为 A_{x},其误差为 $\Delta A = A_{\mathrm{x}} - A$。即 $A_{\mathrm{x}} = A + \Delta A$,则增益测得值的分贝值为:

$$\begin{aligned} G_{\mathrm{x}} &= 20\lg(A + \Delta A) = 20\lg[A(1 + \Delta A/A)] \\ &= 20\lg A + 20\lg(1 + \Delta A/A) \\ &= G + 20\lg(1 + \Delta A/A) \end{aligned}$$

由此得到

$$\gamma_{\mathrm{dB}} = G_{\mathrm{x}} - G = 20\lg(1 + \Delta A/A)$$

式中,γ_{dB} 与增益的相对误差有关,可看成相对误差的对数表现形式,称之为分贝误差,单位为 dB。若令 $\gamma_{\mathrm{A}} = \Delta A/A$,$\gamma_{\mathrm{x}} = \Delta A/A_{\mathrm{x}}$,并设 $\gamma_{\mathrm{A}} \approx \gamma_{\mathrm{x}}$,则上式可写成

$$\gamma_{\mathrm{dB}} = 20\lg(1 + \gamma_{\mathrm{x}})$$

上式即为分贝误差的一般定义式。

若测量的是功率增益,分贝误差定义为

$$\gamma_{\mathrm{dB}} = 10\lg(1 + \gamma_{\mathrm{x}})$$

2.4　误差的分类及误差处理

（1）误差的分类

误差的分类不是绝对的，一个具体的误差可以归入这一类，有时又可以归入另一类。一般情况下常用的测量误差分类的方法如表 1-2-1 所示。

表 1-2-1　测量误差分类

按表示方法分类	按来源分类	按性质分类
相对误差 绝对误差 引用误差 分贝误差	工程误差 使用误差 人身误差 环境误差 方法误差	系统误差 随机误差 过失误差

（2）系统误差和随机误差的数学表述

在相同条件下多次测量同一量值时，误差的绝对值和符号保持不变，或在条件改变时，按某一确定的规律变化的误差称为系统误差，例如标准器量值的不准确、仪器示值不准确而引起的误差。在一个测量中，如果系统误差很小，那么测量结果就可以很准确。

在相同的条件下多次测量同一量值时，误差的绝对值和符号均发生变化，其值时大时小，其符号时正时负，没有确定的变化规律，也不能预见，但是具有抵偿性的误差，称为随机误差。随机误差主要是由于各种影响量，例如电源的波动、磁场的微变、热起伏、空气扰动、气压及温度的变化、测量人员感觉器官的生理变化等一些互不相关的独立因素对测定值的综合影响所造成的。

系统误差和随机误差的划分并不是绝对的，随着人们对误差来源及其变化规律认识的加深，往往有可能把以往认识不到而归为随机误差的某项误差予以澄清而明确为系统误差。反之，当认识不足，测试条件有限时，也常会把系统误差当作随机误差处理。

设对某被测量进行了等精度的 n 次独立测量，得值 $x_0, x_1, \cdots, x_n$，则测定值的算术平均值为：

$$\bar{x} = \frac{x_0 + x_1 + \cdots + x_n}{n} = \frac{1}{n}\sum_{i=1}^{n} x_i$$

式中，$\bar{x}$ 为样本均值，或称取样平均值。

当测量次数 n 趋于无穷时，则取样平均值的极限被定义为测定值的数学期望 E_x，即

$$E_x = \lim_{n \to \infty} \frac{1}{n}\sum_{i=1}^{n} x_i$$

测定值的数学期望 E_x 与测定值真值 x_0 之差，被定义为系统误差 ε，即

$$\varepsilon = E_x - x_0$$

n 次测量中各次测量值 $x_i(i=1\sim n)$ 与其数学期望 E_x 之差,被定义为随机误差 δ_i,即

$$\delta_i = x_i - E_x \quad (i=1,2,3,\cdots,n)$$

将以上两式等号两边相加,得

$$\varepsilon + \delta_i = x_i - x_0$$

即各次测量的系统误差和随机误差的代数和等于其绝对误差。

（3）误差处理

按误差的性质,可以将误差分为系统误差、随机误差和过失误差三类。对误差的处理,也按这三类误差进行。

①系统误差的处理。系统误差将直接影响测量的准确性,为了减小或消除系统误差,通常采用如下方法。

· 对测量结果进行校正。对仪器定期进行检定,并确定校正值的大小,检查各种外界因素,如温度、湿度、气压、电场、磁场等对仪器指示的影响,并作出各种校正公式、校正曲线或图表,用它们对测量结果进行校正,以提高测量结果的准确度。

· 采用替代法测量。替代法被广泛应用在测量元件参数上,如用电桥法或谐振法测量电容器的电容量和线圈的电感量。采用这种方法的优点是可以消除对地电容、导线的分布电容、分布电感和电感线圈中的固有电容等的影响。

· 采取正负误差相消法。这种方法可以消除外磁场对仪表的影响。进行正反两次位置变换的测量,然后将测量结果取平均值。该方法也可用于消除某些直流仪器接头的热电动势的影响,其方法是改变原来的电流方向,然后取正、反两次数据的平均值。

· 注意仪表量程的选择。在仪表准确度已确定的情况下,量程大就意味着仪表偏转很小从而增大了相对误差。因此,合理地选择量程,并尽可能使仪表读数接近满偏位置。

· 选择比较完善的测试方法。

· 符合仪器仪表对使用条件的要求。若不符合使用条件的要求就会带来附加误差,因此,正确使用和改善测量环境,防止外界因素的干扰,都可以减少系统误差而提高测量的准确度。

· 减少人身误差的有效方法是改进读数装置。可由不同的测量者对同一被测量对象进行测量,减少测量者个人习惯和生理因素造成的人身误差。

· 多次测量取其算术平均值,以防止测量仪器仪表和人为因素的偶发性的明显差错。

②随机误差的处理。随机误差只是在进行精密测量时才能发现它。在一般测量中由于仪器仪表读数装置的精度不够,则其随机误差往往被系统误差湮没不易被发现。因此,在精密测量中首先应检查和减小系统误差,然后再来做消除和减小随机误差的工作。由于随机误差是符合概率统计规律的,故可以对它作如下处理。

· 采用算术平均值计算。因为随机误差数值时大时小,时正时负,采用多次测量求算术平均值就可以有效地增加误差相互抵消的机会。若把测量次数 n 增加到足够多,则

算术平均值就近似等于欲求结果。即

$$\bar{x} = \frac{1}{n} \sum_{i=1}^{n} x_i$$

式中，$\bar{x}$ 为测量结果的算术平均值，n 为测量次数，x_i 为第 i 次的测量值。

·采用均方根误差或标准偏差来计算。每次测量值与算术平均值之差称为偏差。用偏差的平均数来表示随机误差是一种方法，正负偏差的代数和在测量次数增大时趋向于零，为了避开偏差的正负符号，可将每次偏差平方后相加再除以 $(n-1)$ 得到平均偏差平方和，最后再开方得到均方根误差，即

$$\sigma = \pm \sqrt{\frac{\sum_{i=1}^{n}(x_i - \bar{x})^2}{n-1}}$$

式中，σ 为均方根误差，n 为测量次数。

为了估计测量结果 $\bar{x}$ 的精密度，又常采用标准偏差这个概念。即

$$\sigma_s = \pm \frac{\sigma}{\sqrt{n}}$$

式中，σ_s 为标准偏差。

上式表明，测量次数 n 越大测量精密度越高。但 σ 与 n 的平方根成反比，因此精密度提高随 n 的增大而减缓，故通常 n 取 20 就足够了。随机误差超过 3σ 的概率仅为 1％以下，而小于 3σ 的概率占 99％以上。对于标准偏差 σ_s 也是如此，最大值一般不超过 $3\sigma_s$。可以将测量结果考虑随机误差后写为

$$x = \bar{x} + 3\sigma$$

③过失误差的处理。过失误差是应该避免的。为了发现和排除过失误差，除了测量者认真仔细以外，还应注意做好以下的工作：

·在正式测量之前可以做试探性测量，即进行粗测，以便正式测量时核对。

·反复对被测量对象进行测量，从而避免单次失误。

·改变测量方法或测量仪表后测量同一量值。

·当进行精密测量时，对于大于 3σ 的数据作为过失误差处理，即数据应作废。

④误差的合成分析。实际测量中，误差的来源是多方面的，单台仪器产生的误差，也与该仪器的多个组成单元有关。例如用 n 个电阻串联，则总电阻的误差就与每个电阻的误差有关。又如用间接法测量电阻消耗的功率时，需测量电阻 R、端电压 U 和电流 I 三个量中的两个量，如何根据电阻、电压或电流的误差来推算功率的误差呢？

设最终测量结果为 y，各分项测量值为 $x_1, x_2, \cdots, x_n$，它们满足函数关系

$$y = f(x_1, x_2, \cdots, x_n)$$

并设各 x_i 间彼此独立，x_i 的绝对误差为 Δx_i，y 的绝对误差为 Δy，则

$$y+\Delta y = f(x_1+\Delta x_1, x_2+\Delta x_2, \cdots, x_n+\Delta x_n)$$

将上式按泰勒级数展开,并略去高阶项得

$$y+\Delta y = y+\frac{\partial f}{\partial x_1}\Delta x_1+\frac{\partial f}{\partial x_2}\Delta x_2+\cdots+\frac{\partial f}{\partial x_n}\Delta x_n$$

因此

$$\Delta y = \frac{\partial f}{\partial x_1}\Delta x_1+\frac{\partial f}{\partial x_2}\Delta x_2+\cdots+\frac{\partial f}{\partial x_n}\Delta x_n$$

已知各分项的误差,并有确定的函数(各变量偏导数存在)时,根据上式可分析和计算总的合成误差。在实际应用中,由于分项误差符号不定而可同时取正负,有时就采用保守的办法来估算误差,即将式中各分项取绝对值后再相加,即

$$\Delta y = \sum_{i=1}^{n}\left|\frac{\partial f}{\partial x_i}\Delta x_i\right|$$

3 实验数据处理

实验中要对所测量的量进行记录,得到实验数据,对这些实验数据需要进行很好的整理、分析和计算,并从中得到实验的最后结果,找出实验的规律,这个过程称为数据处理。

3.1 有效数字的处理

(1) 有效数字的概念

在测量中必须正确地读取数据,即除末位数字可疑欠准确外,其余各位数字都是准确可靠的。末位数字是估计出来的,因而不准确。例如,用一块量程 50 V 的电压表(刻度每小格代表 1 V)测量电压时,指针指在 34 V 和 35 V 之间,可读数为 34.4 V,其中数字"34"是准确可靠的,称为可靠数字,而最后一位"4"是估计出来的不可靠数字,称为欠准数字,两者结合起来称为有效数字。对于"34.4"这个数,有效数字是三位。

有效数字位数越多,测量准确度越高。如果条件允许的话,能够读成"34.40",就不应该记为"34.4",否则降低了测量准确度。反过来,如果只能读作"34.4",就不应记为"34.40",后者从表面看好像提高了测量准确度,但实际上小数点后面第一位就是估计出来的欠准确数字,因此第二位就没有意义了。在读取和处理数据时有效数字的位数要合理选择,使所取得的有效数字的位数与实际测量的准确度一致。

(2) 有效数字的正确表示方法

①记录测量数值时,只允许保留一位欠准确数字。

②数字"0"可能是有效数字,也可能不是有效数字。例如 0.034 4 kV 前面的两个"0"不是有效数字,它的有效数字是后三位,0.034 4 kV 可以写成 34.4 V,它的有效数字仍然是三位,可见前面的两个"0"仅与所用的单位有关。又如"30.0"的有效数字是三位,后面的两个"0"都是有效数字。必须注意末位的"0"不能随意增减,它是由测量仪器的准确度来确定的。

③大数值与小数值都要用幂的乘积的形式来表示。例如,测得某电阻的阻值为 15 000 Ω,有效数字为三位时,则应记为 15.0×10^3 Ω 或 150×10^2 Ω。

④在计算中,常数(如 π、e 等)以及因子的有效数字的位数没有限制,需要几位就取几位。

⑤当有效数字位数确定以后,多余的位数应一律按四舍五入的规则舍去,称为有效数字的修约。

(3) 有效数字的运算规则

①加减运算。参加运算的各数所保留的位数,一般应与各数小数点后位数最少的相同,例如 13.6、0.056、1.666 三个数相加,小数点后最少位数是一位(13.6),所以应将其

余二数修约到小数点后一位数,然后再相加,即:13.6+0.1+1.7=15.4。

为了减少计算误差,也可在修约时多保留一位小数,计算之后再修约到规定的位数,即:13.6+0.06+1.67=15.33,其最后结果为15.3。

②乘除运算。各因子及计算结果所保留的位数以百分误差最大或有效数字位数最少的项为准,不考虑小数点的位置。例如0.12、1.057和23.41三个数相乘,有效数字最少的是0.12,则0.12×1.1×23=3.036,其结果为3.0。

③乘方及开方运算。运算结果比原数多保留一位有效数字。例如$(15.4)^2=237.2$,$\sqrt{2.4}=1.55$。

④对数运算取对数前后的有效数字位数应相等,例如ln230=5.44。

3.2 实验数据的记录与整理

(1) 测量数据的记录

下面分数字式仪表和指针式仪表讨论测量数据的记录。

①数字式仪表读数的记录。从数字式仪表上可直接读出被测量的量值,读出值即可作为测量结果予以记录而无需再经换算。需注意的是,对数字式仪表而言,若测量时量程选择不当则会丢失有效数字,因此应合理地选择数字式仪表的量程。例如用某数字电压表测量1.682 V的电压,在不同的量程时的显示值如表1-3-1所示。

表 1-3-1 数字式仪表的有效数字

量程	2 V	20 V	100 V
显示值	1.784	01.78	001.8
有效数字位	4	3	2

由此可见,在不同的量程时,测量值的有效数字位数不同,量程不当将损失有效数字。在此例中唯选择"2 V"的量程才是恰当的。实际测量时,一般是使被测量值小于但接近于所选择的量程,而不可选择过大的量程。

②指针式仪表测量数据的记录。和数字式仪表不同,直接读取的指针式仪表的指示值一般不是被测量的测量值,而要经过换算才可得到所需的测量结果。下面介绍有关的概念和方法。

指针式仪表的读数。指针式仪表的指示值称为直接读数,简称为读数,它是指指针式仪表的指针所指出的标尺值并用格数表示。如图1-3-1所示的为某电压表的均匀标度尺有效数字读数示意图,图中指针的两次读数为18.6格和116.0格,它们的有效数字位数分别为3位和4位。测量时应首先记录仪表的读数。

指针式仪表的仪表常数。指针式仪表的标度尺每分格所代表的被测量的大小称为仪表常数,也称为分格常数,用C_a表示,其计算分式为

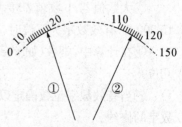

图 1-3-1 指针仪表有效
①第一次测量时读数
②第二次测量时读数

$$C_a = x_m / a_m$$

式中，x_m 为选择的仪表量程，a_m 为指针式仪表满刻度格数。

可以看出，对于同一仪表，选择的量程不同则分格常数也不同。数字式仪表也有仪表常数的概念，它是指数字式仪表的每个字所代表的被测量的大小。

被测量的示值。示值是指仪表的读数对应的被测量的测量值，它可由下式计算得出：

$$示值 = 读数(格) \times 仪表常数(C_a)$$

应注意的是，示值的有效数字的位数应与读数的有效数字的位数一致。

(2) 测量结果的完整填写

在实验中，最终的测量结果通常由测得值和相应的误差共同表示。这里的误差是指仪表在相应量程时的最大绝对误差。如某仪表的准确度等级为 0.3 级，则在 150 V 量程时的最大绝对误差为：$\Delta U_m = \pm a\% U_m = \pm 0.3\% \times 150 \text{ V} = \pm 0.45 \text{ V}$。

工程测量中，误差的有效数字一般只取一位，并采用的是进位法，即只要有效数字后面应予舍弃的数字是 1～9 中的任何一个时都应进一位，这样 ΔU_m 应取为 ± 0.5 V。于是图 3-1 所示读数应记录的测量结果为：$U_1 = (18.6 \pm 0.5) \text{V}$，$U_2 = (116 \pm 0.5) \text{V}$。

需要注意的是，在测量结果的最后表示中，测得值的有效数字的位数取决于测量结果的误差，即测得值的有效数字的末位数与测量误差的末位数是同一个数位。

(3) 测量数据的整理

对在实验中所记录的测量原始数据，通常还需加以整理，以便于进一步的分析，作出合理的评估，给出切合实际的结论。

①数据的排列。为了分析计算的便利，通常希望原始实验数据按一定的顺序排列。若记录下的数据未按期望的次序排列，则应予以整理，如将原始数据按从小到大或从大到小的顺序进行排列。当数据量较大时，这种排序工作最好由计算机完成。

②坏值的剔除。在测量数据中，有时会出现偏差较大的测量值，这种数据被称为离群值。离群值可分为两类，一类是因为粗大误差而产生，或是因为随机误差过大而超过了给定的误差界限，这类数据为异常值，属于坏值，应予以剔除。另一类是因为随机误差较大而产生，但未超过规定的误差界限，这类测量值属于极值，应予保留。需说明的是，若确知测量值为粗大误差，则即使其偏差不大，未超过误差界限，也必须予以剔除。

在很多情况下，仅凭直观判断通常难于对粗大误差和正常分布的较大的误差作出区分，这时可采用统计检验的方法来判别测量数据中的异常数据，比如利用莱特检验法或格拉布斯检验法等。

③数据的补充。在测量数据的处理过程中，有时会遇到缺损的数据，或者需要知道测量范围内未测出的中间数值，这时可采用插值法(也称内插法)计算出这些数据。常用的插值法有线性插值法、一元拉格朗日插值法和牛顿插值法等。

3.3　实验数据的表示法

实验测量所得到的记录，经过有效数字修约、运算处理后，有时仍看不出实验规律或结果,因此,必须对这些实验数据进行整理、计算和分析,才能从中找出实验规律,得出结果,这个过程称为实验数据的处理。下面几种是常用于电路实验中的数据处理方法。

（1）列表法

这是最基本和常用的实验数据表示方法,其特点是形式紧凑、便于数据的比较和检验。列表法的要点如下:

①先对原始数据进行整理,完成有关数值的计算,剔除坏值等。

②在表头处给出表的编号和名称。

③必要时在表尾处对有关情况予以说明(如数据来源等)。

④确定表格的具体格式,合理安排表格中的主项和副项。通常主项代表自变量,副项代表因变量。一般将能直接测量的物理量选作主项(自变量)。

⑤表中数据应以有效数字的形式表示。

⑥数据需有序排列,如按照由大到小的顺序排列等。

⑦表中的各项物理量要给出其单位,如电压 U/V,电流 I/A,功率 P/W 等。

⑧要注意书写整洁,如将每列的小数点对齐,数据空缺处记为斜杠"/"等。另外要注意检查记录数据有无笔误。

（2）图形表示法

将测量数据在图纸上绘制为图形也是常用的实验数据表示法。绘图法的优点是直观、形象,能清晰地反映出变量间的函数关系和变化规律。

绘图法的要点如下:

①选择合适的坐标系。常用的坐标系有直角坐标系、半对数坐标系和全对数坐标系等。选择哪种坐标系,要视是否便于描述数据和表达实验结果而定。最常用的是直角坐标系,但若测量值的数值范围很大,就可选用对数坐标系。

②在坐标系中,一般横坐标代表自变量,纵坐标代表因变量。

③在横、纵坐标轴的末端要标明其所代表的物理量及其单位。

④要合理恰当地进行坐标分度。

在直角坐标系中,最常用的是线性分度。分度的原则是使图上坐标分度对应的示值有效数字位数能反映实验数据的有效数字位数。横、纵坐标轴的分度可以不同,需根据具体情况确定,原则是使所绘曲线能明显地反映出变化规律。图 1-3-2 给出了一个坐标轴分度的例子,其中图 1-3-2(b)对曲线变化规律的表述更为清楚。

分度可不必从原点开始,但要包括变量的最小值与最大值,并且使所绘图形占满全幅图纸为宜。

⑤必要时可分别绘制全局图和局部图。

⑥可用不同形状和颜色的线条来绘制曲线,譬如可使用实线、虚线、点划线等。

⑦根据数据描点时,可使用实心圆、空心圆、叉、三角形等符号。同一曲线上的数据点用同一符号,而不同曲线上的数据点则用不同的符号。

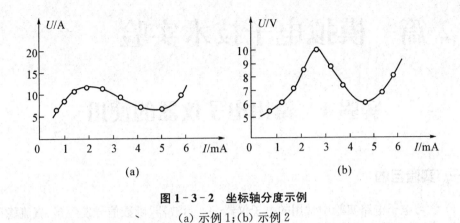

图 1 - 3 - 2　坐标轴分度示例

(a) 示例 1；(b) 示例 2

⑧由图上的数据点作曲线时，不可将各点连成如图 1 - 3 - 3(a) 所示的折线，而应视情况作出拟合曲线。所作的曲线要尽可能地靠近各数据点，并且曲线要光滑。当数据点分散程度较小时，可直接绘出曲线，如图 1 - 3 - 3(b) 所示。若数据点分散程度大时，则应将相应的点取平均值后再绘出曲线，如图 1 - 3 - 3(c) 所示。

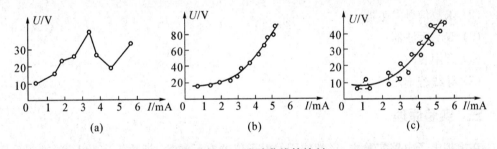

图 1 - 3 - 3　实验曲线的绘制

(a) 各点数据连成折线（错误的曲线绘制）；(b) 数据点分散程度小时的曲线绘制；(c) 数据点分散程度大时的曲线绘制

第2篇 模拟电子技术实验

实验1 常用电子仪器的使用

一、实验目的

(1) 学习电子电路实验中常用的电子仪器——示波器、函数信号发生器、直流稳压电源、交流毫伏表等仪器的主要技术指标、性能及使用方法。

(2) 初步掌握用双踪示波器观察正弦信号波形和读取波形参数的方法。

二、实验设备与器材

(1) 电子学综合实验装置；

(2) 函数信号发生器；

(3) 双踪示波器；

(4) 万用表；

(5) 导线若干。

三、实验原理

在模拟电子电路实验中，经常使用的电子仪器有示波器、函数信号发生器、直流稳压电源、交流毫伏表(测电压)等。它们和万用电表一起，可以完成对模拟电子电路的静态和动态工作情况的测试。

实验中要对各种电子仪器进行综合使用，可按照信号流向，以连线简捷、调节顺手、观察与读数方便等原则进行合理布局，各仪器与被测实验装置之间的布局与连接如图 2-1-1 所示。接线时应注意，为防止外界干扰，各仪器的公共接地端应连接在一起，称共地。信号源和交流毫伏表的引线通常用屏蔽线或专用电缆线，示波器接线使用专用电缆线，直流电源的接线用普通导线。

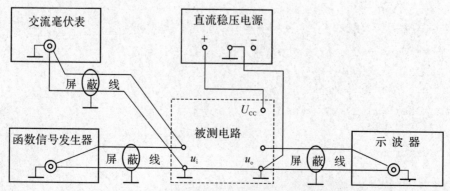

图 2-1-1 模拟电子电路中常用电子仪器布局图

（1）示波器

示波器是一种用途很广的电子测量仪器，它既能直接显示电信号的波形，又能对电信号进行各种参数的测量。若被显示的波形不稳定，通过调节"触发电平"旋钮找到合适的触发电压，使被测试的波形稳定地显示在示波器屏幕上，使屏幕上显示一至二个周期的被测信号波形。

（2）函数信号发生器

函数信号发生器按需要输出正弦波、方波、三角波等多种信号波形。输出电压显示为幅度（有效值为幅度除以 2.828）。

注意：函数信号发生器作为信号源，它的输出端不允许短路。理论上单一的调频和调幅是不影响其他参数的，调频时信号幅度不会发生变化，调幅时信号的频率不会发生变化。但是我们的实际信号源并不是这么理想的，当调频时信号的幅度发生了变化；当调幅时信号的频率发生了变化。变化的范围不是很大，在调节信号时要进行同步测试，从而保证调出的信号是我们想要的信号。

四、实验内容

（1）用示波器机内校正信号（校正信号在示波器仪器面板上右下角）对示波器进行自检。使示波器显示屏上显示出一个或数个周期稳定的方波波形，使方波波形在垂直方向上正好占据中心轴上，且上、下对称，便于阅读。记入表 2-1-1。

表 2-1-1　校正信号测量数据表

	标准值	实测值
幅度 U_{p-p}(V)		
频率 f(kHz)		
上升沿时间(μs)		
下降沿时间(μs)		

（2）用示波器和交流毫伏表测量信号参数

调节函数信号发生器有关旋钮，使输出频率分别为 100 Hz、1 kHz、10 kHz、100 kHz，电压幅度均为 3 V 的正弦波信号。用示波器测量信号源输出信号的频率、周期及峰-峰值、有效值，记入表 2-1-2。

表 2-1-2　示波器和交流毫伏表测量信号参数

信号电压频率	示波器测量值		信号电压交流毫伏表读数(V)	示波器测量值	
	周期(ms)	频率(Hz)		峰-峰值(V)	有效值(V)
100 Hz					
1 kHz					
10 kHz					
100 kHz					

（3）测量两波形间相位差

按图 2-1-2 连接实验电路,将函数信号发生器的输出电压调至频率为 1 kHz,幅度为 2 V 的正弦波,经 RC 移相网络获得频率相同但相位不同的两路信号 U_i 和 U_R,分别加到双踪示波器的 Y_A 和 Y_B 输入端。

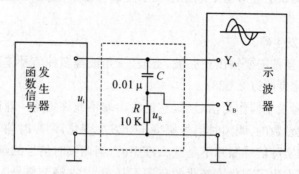

图 2-1-2　两波形间相位差测量电路

使在荧屏上显示出易于观察的两个相位不同的正弦波形 U_i 和 U_R,如图 2-1-3 所示。根据两波形在水平方向差距 X,及信号周期 X_T,则可求得两波形相位差。

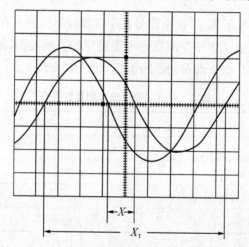

图 2-1-3　双踪示波器显示两相位不同的正弦波

$$\theta = \frac{X(\mathrm{div})}{X_T(\mathrm{div})} \times 360°$$

式中:X_T——一周期所占格数;

　　　X——两波形在 X 轴方向差距格数。

记录两波形相位差于表 2-1-3。

表 2-1-3　测量两波形间相位差

一周期格数	两波形 X 轴差距格数	相位差	
		实测值	计算值
$X_T =$	$X =$	$\theta =$	$\theta = \arctan\dfrac{1}{\omega RC}$

为读数和计算方便,可适当调节扫速开关及微调旋钮,使波形一周期占整数格。

五、实验报告要求

(1) 整理实验数据,并进行分析。

(2) 交流毫伏表是用来测量正弦波电压还是非正弦波电压? 它的示值是被测信号的什么数值? 是否可以用来测量直流电压的大小?

(3) 举例说明实验中的仪器在生活中的应用,说说你是怎样理解生活中使用这些仪器的。

实验 2 单管共射极放大电路

一、实验目的

(1) 学会放大器静态工作点的调试方法,分析静态工作点对放大器性能的影响。

(2) 掌握放大器电压放大倍数、输入电阻及输出电阻的测试方法。

(3) 熟悉常用电子仪器及模拟电路实验设备的使用。

二、实验设备与器材

(1) 电子学综合实验装置;

(2) 函数信号发生器;

(3) 双踪示波器;

(4) 万用表;

(5) 单级/负反馈两级放大器;

(6) 导线若干。

三、实验原理

图 2-2-1 为电阻分压式工作点稳定单管放大器实验电路图。它的偏置电路采用 R_{B1} 和 R_{B2} 组成的分压电路,并在发射极中接有电阻 R_E,以稳定放大器的静态工作点。当在放大器的输入端加入输入信号 u_i 后,在放大器的输出端便可得到一个与 u_i 相位相反,幅值被放大了的输出信号 u_o,从而实现了电压、电流放大。

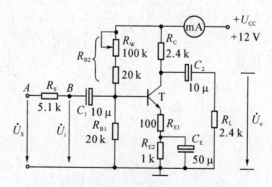

图 2-2-1 共射极单管放大器实验电路

在图 2-2-1 电路中,当流过偏置电阻 R_{B1} 和 R_{B2} 的电流远大于晶体管 T 的基极电流 I_B 时(一般 5～10 倍),则它的静态工作点可用下式估算:

$$U_B \approx \frac{R_{B1}}{R_{B1}+R_{B2}}U_{CC} \quad U_{CE}=U_{CC}-I_C(R_C+R_{E1}+R_{E2}) \quad I_E \approx \frac{U_B-U_{BE}}{(R_{E1}+R_{E2})} \approx I_C$$

电压放大倍数

$$A_V = -\beta \frac{R_C // R_L}{r_{be} + (1+\beta R_{E1})}$$

输入电阻

$$R_i = R_{B1} // R_{B2} // [(1+\beta)R_{E1} + r_{be}]$$

输出电阻

$$R_o \approx R_C$$

由于电子器件性能的分散性比较大,因此在设计和制作晶体管放大电路时,离不开测量和调试技术。在设计前应测量所用元器件的参数,为电路设计提供必要的依据,在完成设计和装配以后,还必须测量和调试放大器的静态工作点和各项性能指标。一个优质放大器,必定是理论设计与实验调整相结合的产物。因此,除了学习放大器的理论知识和设计方法外,还必须掌握必要的测量和调试技术。

放大器的测量和调试一般包括:放大器静态工作点的测量与调试,消除干扰与自激振荡及放大器各项动态参数的测量与调试等。

(1) 放大器静态工作点的测量与调试

①静态工作点的测量

测量放大器的静态工作点,应在输入信号 $u_i = 0$ 的情况下进行,即将放大器输入端与地端短接(防止干扰信号加入),然后选用量程合适的直流毫安表和直流电压表,分别测量晶体管的集电极电流 I_C 以及各电极对地的电位 U_B、U_C 和 U_E。一般实验中,为了避免断开集电极,所以采用测量电压 U_E 或 U_C,然后算出 I_C 的方法,例如,只要测出 U_E,即可用

$$I_C \approx I_E = \frac{U_E}{R_E} \text{(其中 } R_E = R_{E1} + R_{E2}\text{)},算出 } I_C \text{(也可根据 } I_C = \frac{U_{CC} - U_C}{R_C}, \text{由 } U_C \text{ 确定 } I_C),$$

同时也能算出 $U_{BE} = U_B - U_E$,$U_{CE} = U_C - U_E$。

为了减小误差,提高测量精度,应选用内阻较高的直流电压表。

②静态工作点的调试

放大器静态工作点的调试是指对管子集电极电流 I_C(或 U_{CE})的调整与测试。

静态工作点是否合适,对放大器的性能和输出波形都有很大影响。如工作点偏高,放大器在加入交流信号以后易产生饱和失真,此时 $\dot{U}_o$ 的负半周将失真(放大电路输入输出反相的缘故),如图 2-2-2(a)所示;如工作点偏低则易产生截止失真,即 $\dot{U}_o$ 的正半周波形失真(一般截止失真不如饱和失真明显),如图 2-2-2(b)所示。这些情况都不符合不失真放大的要求。所以在选定工作点以后还必须进行动态调试,即在放大器的输入端加入一定的输入电压 U_i,检查输出电压 U_o 的大小和波形是否满足要求。如不满足,则应调节静态工作点的位置。

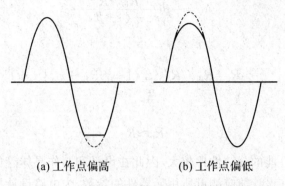

(a) 工作点偏高　　　　　(b) 工作点偏低

图 2－2－2　静态工作点对输出 u_o 波形失真的影响

改变电路参数 U_{CC}、R_C、R_B（$R_{B1}//R_{B2}$）都会引起静态工作点的变化，如图 2－2－3 所示。但通常多采用调节偏置电阻 R_{B2} 的方法来改变静态工作点，如减小 R_{B2}，则可使静态工作点提高等。因为 R_{B2} 和 R_{B1} 组成的是串联分压电路，当 R_{B2} 减小时 R_{B1} 两端电压就会升高，导致 U_B 升高，所以静态工作点被提高。反之，静态工作点降低。

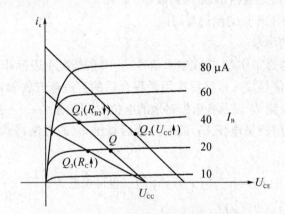

图 2－2－3　电路参数对静态工作点的影响

最后还要说明的是，上面所说的工作点"偏高"或"偏低"不是绝对的，应该是相对信号的幅度而言，如输入信号幅度很小，即使工作点较高或较低也不一定会出现失真。所以确切地说，产生波形失真是信号幅度与静态工作点设置配合不当所致。如需满足较大信号幅度的要求，静态工作点最好尽量靠近交流负载线的中点。如今的低功耗电路的一大特点就是，放大电路输出波形不失真的情况下，静态工作点尽可能地低，那样电路消耗就会很大程度上降低。

（2）放大器动态指标测试

放大器动态指标包括电压放大倍数、输入电阻、输出电阻、最大不失真输出电压（动态范围）和通频带等。

①电压放大倍数 A_V 的测量

调整放大器到合适的静态工作点，然后加入输入电压 $\dot{U}_i$，在输出电压 $\dot{U}_o$ 不失真的情况下（U_o 可以不是最大不失真波形），用交流毫伏表测出 $\dot{U}_i$ 和 $\dot{U}_o$ 的有效值 U_i 和 U_o，则

$$A_V = \frac{U_o}{U_i}$$

②输入电阻 R_i 的测量

为了测量放大器的输入电阻,按图 2-2-4 所示电路在被测放大器的输入端与信号源之间串入一已知电阻 R,在放大器正常工作的情况下,用交流毫伏表测出 U_S 和 U_i,则根据输入电阻的定义可得

$$R_i = \frac{U_i}{I_i} = \frac{U_i}{\frac{U_R}{R}} = \frac{U_i}{U_S - U_i} R$$

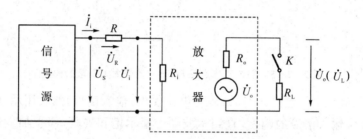

图 2-2-4　输入、输出电阻测量电路

测量时应注意下列几点:

由于电阻 R 两端没有电路公共接地点,所以测量 R 两端电压 U_R 时必须分别测出 U_S 和 U_i,然后按 $U_R = U_S - U_i$ 求出 U_R 值(这样结果更准确)。直接测量也能测量出,但不是很准确。

电阻 R 的值不宜取得过大或过小,以免产生较大的测量误差,通常取 R 与 R_i 为同一数量级为好,本实验可取 $R = 1 \sim 2$ kΩ。

③输出电阻 R_o 的测量

按图 2-2-4 电路,在放大器正常工作条件下,测出输出端不接负载 R_L 的输出电压 U_o 和接入负载后的输出电压 U_L,根据

$$A_d = \frac{\Delta U_o}{\Delta U_i} = -\frac{\beta R_C}{R_B + r_{be} + \frac{1}{2}(1 + \beta)R_P}$$

即可求出

$$R_o = \left(\frac{U_o}{U_L} - 1\right)R_L$$

在测试中应注意,必须保持 R_L 接入前后输入信号的大小不变。当你接上负载时,输出幅值下降,是因为放大电路相当于是一个有内阻的电源;接同一个负载降的幅值越大,说明电源的内阻越大,也就是放大电路输出电阻越大。理想的是电压放大电路输出电阻越小越好,实际上输出电阻太小,放大电路就得不到一个较大幅值。现实设计中只要满足自己的参数要求即可。

④最大不失真输出电压 U_{OP-P} 的测量(最大动态范围)

如上所述,为了得到最大动态范围,应将静态工作点调在交流负载线的中点。为此

在放大器正常工作情况下,逐步增大输入信号的幅度,并同时调节 R_W(改变静态工作点),用示波器观察 U_o。当输出波形同时出现削底和缩顶现象(如图 2-2-5)时,说明静态工作点已调在交流负载线的中点。然后反复调整输入信号,使波形输出幅度最大,且无明显失真时,用交流毫伏表测出 U_o(有效值),则动态范围等于 $2\sqrt{2}U_o$。或用示波器直接读出 U_{OP-P} 来。

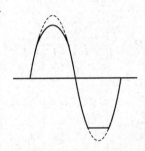

图 2-2-5 静态工作点正常,输入信号太大引起的失真

调节技巧:确认电路连接无误后,接上电源供电,输入信号,然后用示波器观察输出波形。逐渐加大输入信号的幅度,直到示波器上显示饱和失真,停止加大信号(不可再加,以免加入信号过大烧坏管子)。此时调节 R_{B2},使正负半周失真度一样,最后减小输入信号,直至出现刚好正负半周都不失真,这时得到的信号就是最大不失真波形。

四、实验内容

实验电路如图 2-2-1 所示。各电子仪器可按实验中图 2-2-1 所示方式连接,为防止干扰,各仪器的公共端必须连在一起,同时信号源、交流毫伏表和示波器的引线应采用专用电缆线或屏蔽线,如使用屏蔽线,则屏蔽线的外包金属网应接在公共接地端上。

(1) 调试静态工作点

接通直流电源前,先将 R_W 调至最大,函数信号发生器输出旋钮旋至零。接通+12 V 电源、调节 R_W,使 $U_B=2.9$ V(即 $I_C=2.0$ mA),用直流电压表测量 U_E、U_C 的电压,记入表 2-2-1,计算 U_{CE}。

表 2-2-1 静态工作点的测量

测量值			计算值		
U_B(V)	U_E(V)	U_C(V)	U_{BE}(V)	U_{CE}(V)	I_C(mA)

(2) 测量电压放大倍数

在放大器输入端加入频率为 1 kHz 的正弦信号,调节函数信号发生器的输出旋钮使放大器输入电压 U_i 有效值为 100 mV,同时用示波器观察放大器输出电压 $\dot{U}_o$ 波形,在波形不失真的条件下用交流毫伏表测量 $\dot{U}_o$ 有效值,并用双踪示波器观察 $\dot{U}_o$ 和 $\dot{U}_i$ 的相位关系,记入表 2-2-2。计算电压放大倍数。

表 2-2-2　电压放大倍数的测量($I_c=2.0\text{ mA}$)

$R_C(\text{k}\Omega)$	$R_L(\text{k}\Omega)$	$U_i(\text{mV})$	$U_o(\text{mV})$	$A_V(=U_i/U_o)$	观察记录一组 u_i 和 u_o 波形
2.4	∞	100			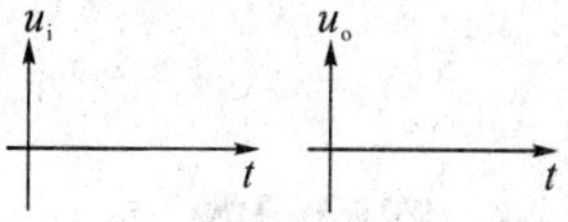
2.4	2.4	100			

（3）观察静态工作点对输出波形失真的影响

置 $R_C=2.4\text{ k}\Omega$，$R_L=\infty$，保持输入信号 U_i 有效值为 100 mV，分别增大和减小 R_W，使输出电压的波形出现失真，绘出 U_o 的波形，并用直流电压表测出失真情况下的 U_B 和 U_{CE} 值，记入表 2-2-3 中。每次测 U_B 和 U_{CE} 值时都要将信号源的输出旋钮旋至零。

表 2-2-3　静态工作点对输出波形失真的影响

$U_B(\text{V})$	$U_{CE}(\text{V})$	u_o 波形	失真情况	管子工作状态
		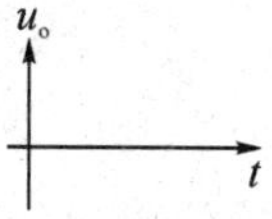		
2.9		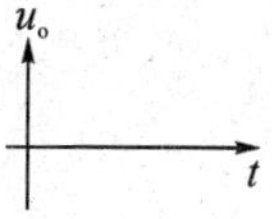		
		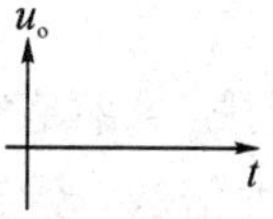		

五、实验报告要求

（1）用坐标纸画出示波器观察的输入波形和输出波形。

（2）讨论静态工作点变化对放大器输出波形的影响。

实验 3 两级负反馈放大电路

一、实验目的

（1）掌握多级放大电路及负反馈放大电路性能指标的测试方法。

（2）理解多级阻容耦合放大电路总电压放大倍数与各级电压放大倍数之间的关系。

（3）理解负反馈放大电路的工作原理及负反馈对放大电路性能的影响。

二、实验设备与器材

（1）电子学综合实验装置；

（2）函数信号发生器；

（3）双踪示波器；

（4）万用表；

（5）单级/负反馈两级放大器；

（6）导线若干。

三、实验原理

负反馈在电子电路中有着非常广泛的应用，虽然它使放大器的放大倍数降低，但能在多方面改善放大器的动态指标，如稳定放大倍数，改变输入、输出电阻，减小非线性失真和展宽通频带等。因此，几乎所有的实用放大器都带有负反馈。

负反馈放大器有四种组态，即电压串联、电压并联、电流串联、电流并联。本实验以电压串联负反馈为例，分析负反馈对放大器各项性能指标的影响。

本次实验所采用的是电压串联负反馈电路，反馈的原理：信号经放大电路放大后，由负反馈电路反馈到第一级放大电路，反馈的信号是幅值变化且和输入信号同步变化的信号，反馈回来的信号是加在第一级放大电路的发射极，反馈回来的电压信号可调节发射极的电位，起到调节动态参数，使动态参数比较稳定。反馈回来的信号只能调节动态参数，不能调节静态参数。反馈电路对静态参数有影响。

（1）图 2-3-1 为带有负反馈的两级阻容耦合放大电路，在电路中通过 R_f 把输出电压 u_o 引回到输入端，加在晶体管 T_1 的发射极上，在发射极电阻 R_{F1} 上形成反馈电压 u_f。根据反馈的判断法可知它属于电压串联负反馈。

主要性能指标如下：

①闭环电压放大倍数

$$A_{Vf} = \frac{A_V}{1 + A_V F_V}$$

其中，$A_V = U_o / U_i$——基本放大器（无反馈）的电压放大倍数，即开环电压放大倍数

（较大）。

$1+A_VF_V$——反馈深度，它的大小决定了负反馈对放大器性能改善的程度。

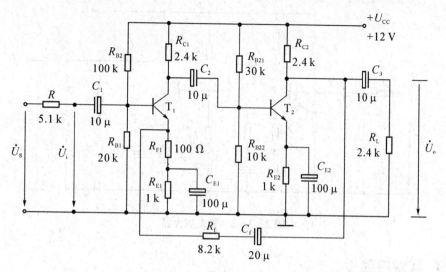

图 2-3-1　带有电压串联负反馈的两级阻容耦合放大器

②反馈系数

$$F_V = \frac{R_{F1}}{R_f + R_{F1}}$$

通过此式可以看出当 $R_f \gg R_{F1}$ 时，反馈系数接近 0，就没有反馈了。调节 R_f 的就可以调节反馈量。另外串联的电容对反馈也有影响。在设计电路时还要注意电容的极性。

③输入电阻

$$R_{if} = (1+A_VF_V)R_i$$

R_i——基本放大器的输入电阻。

④输出电阻

$$R_{of} = \frac{R_o}{1+A_{Vo}F_V}$$

R_o——基本放大器的输出电阻；

A_{Vo}——基本放大器 $R_L = \infty$ 时的电压放大倍数。

（2）本实验还需要测量基本放大器的动态参数，怎样实现无反馈而得到基本放大器呢？不能简单地断开反馈支路，而是要去掉反馈作用，但又要把反馈网络的影响（负载效应）考虑到基本放大器中去。为此：

①在画基本放大器的输入回路时，因为是电压负反馈，所以可将负反馈放大器的输出端交流短路，即令 $u_o = 0$，此时 R_f 相当于并联在 R_{F1} 上。

②在画基本放大器的输出回路时，由于输入端是串联负反馈，因此需将反馈放大器的输入端（T_1 管的射极）开路，此时 $(R_f + R_{F1})$ 相当于并接在输出端。可近似认为 R_f 并接

在输出端。

根据上述规律,就可得到所要求的如图 2 - 3 - 2 所示的基本放大器。

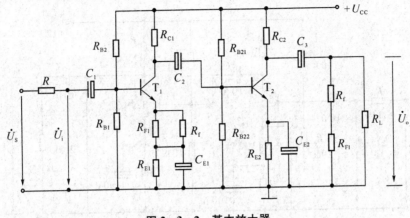

图 2 - 3 - 2　基本放大器

四、实验内容

(1) 测量静态工作点

按图 2 - 3 - 1 连接实验电路,取 $U_{CC} = +12$ V,$U_i = 0$,调节电位器使 $U_{B1} = 2.00$ V,$U_{B2} = 3.00$ V,使用直流电压表分别测量第一级、第二级的静态工作点,计算 I_C,记入表 2 - 3 - 1。

表 2 - 3 - 1　测量静态工作点

	$U_B(V)$	$U_E(V)$	$U_C(V)$	$I_C(mA)$
第一级	2.00			
第二级	3.00			

(2) 测试无负反馈放大电路的各项性能指标

①将负反馈支路开关打到“断”的位置,在放大器输入端加入 $f = 1$ kHz,U_i 有效值约 20 mV 正弦信号,用示波器观察输出波形,测量输出电压 U_o 记入表 2 - 3 - 2,计算电压放大倍数。

表 2 - 3 - 2　测量输出电压和截止频率

	$U_i(mv)$	$U_o(V)$	A_V	$f_L(Hz)$	$f_H(Hz)$
基本放大器	20				
负反馈放大器	20				

②保持 U_i 不变,改变信号源频率 f,观察输出电压变化,当输出电压减小至 $0.707 U_o$ 时,记录对应的上下截止频率记入表 2 - 3 - 2。

(3) 测试有负反馈放大电路的各项性能指标

将负反馈支路开关打到“通”的位置,重复步骤(2)。

五、实验报告要求

（1）用坐标纸画出无反馈和有反馈时的输出电压 U_o 的波形。

（2）根据实验总结电压串联负反馈对放大器输出波形和输出电压的影响。

（3）总结电压串联负反馈对放大器频率特性的影响。

实验 4 射极跟随器电路

一、实验目的

（1）掌握射极跟随器的特性及测试方法。

（2）进一步学习放大器各项参数测试方法。

二、实验设备和器材

（1）电子学综合实验装置；

（2）函数信号发生器；

（3）双踪示波器；

（4）万用表；

（5）射极跟随器；

（6）导线若干。

三、实验原理

射极跟随器是一个电压串联负反馈放大电路，它具有输入电阻高，输出电阻低，电压放大倍数接近于 1，输出电压能够在较大范围内跟随输入电压作线性变化以及输入、输出信号同相等特点。

射极跟随器的输出取自发射极，故称其为射极输出器。

（1）输入电阻 R_i

$$R_i = r_{be} + (1+\beta)R_E$$

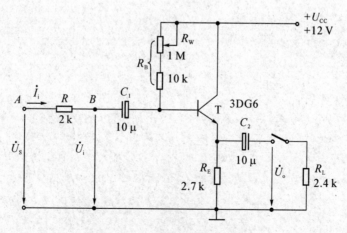

图 2-4-1 射极跟随器实验电路

如考虑偏置电阻 R_B 和负载 R_L 的影响，则 $R_i = R_B // [r_{be} + (1+\beta)(R_E // R_L)]$ 由上式可知射极跟随器的输入电阻 R_i 比共射极单管放大器的输入电阻 $R_i = R_B // r_{be}$ 要高得多，

但由于偏置电阻 R_B 的分流作用,输入电阻难以进一步提高。

输入电阻的测试方法同单管放大器。

$$R_i = \frac{U_i}{I_i} = \frac{U_i}{U_S - U_i} R$$

即只要测得 A、B 两点的对地电位即可计算出 R_i。

(2) 输出电阻 R_o

$$R_o = \frac{r_{be}}{\beta} // R_E \approx \frac{r_{be}}{\beta}$$

如考虑信号源内阻 R_S,则

$$R_o = \frac{r_{be} + (R_S // R_B)}{\beta} // R_E \approx \frac{r_{be} + (R_S // R_B)}{\beta}$$

由上式可知射极跟随器的输出电阻 R_o 比共射极单管放大器的输出电阻 $R_o \approx R_C$ 低得多。三极管的 β 越高(输出电流能力越大),输出电阻越小。这就相当于电源电压不变提供的电流越大,电源的内阻越小,从而带负载能力越强。

输出电阻 R_o 的测试方法亦同单管放大器,即先测出空载输出电压 U_o,再测接入负载 R_L 后的输出电压 U_L,根据

$$U_L = \frac{R_L}{R_o + R_L} U_o$$

即可求出 $R_o = \left(\frac{U_o}{U_L} - 1\right) R_L$

注:此电路只有负载电阻 R_L 和放大电路输出的电阻 R_o 相同时,负载得到的功率最大!

(3) 电压放大倍数

$$A_V = \frac{(1+\beta)(R_E // R_L)}{r_{be} + (1+\beta)(R_E // R_L)} \leqslant 1$$

上式说明射极跟随器的电压放大倍数小于等于 1,且为正值。这是深度电压负反馈的结果(反馈量过大,使电路没有电压放大作用)。但它的射极电流仍比基极电流大 $(1+\beta)$ 倍,所以它具有一定的电流和功率放大作用。它和共射极放大电路的区别是只有电流放大,而没有电压放大;而共射极放大电路既有电流放大,也有电压放大。它们的共同特点是都有功率放大(功放倍数不同而已)。

(4) 电压跟随范围

电压跟随范围是指射极跟随器输出电压 u_o 跟随输入电压 u_i 作线性变化的区域。当 u_i 超过一定范围时,u_o 便不能跟随 u_i 作线性变化,即 u_o 波形产生了失真。为了使输出电压 u_o 正、负半周对称,并充分利用电压跟随范围,静态工作点应选在交流负载线中点,测量时可直接用示波器读取 u_o 的峰-峰值,即电压跟随范围;或用交流毫伏表读取 u_o 的有效值,则电压跟随范围

$$U_{\text{op-p}} = 2\sqrt{2}U_\circ$$

四、实验内容

按图 $2-4-1$ 接电路。

（1）静态工作点的调整

接通 $+12\ \text{V}$ 直流电源，在 B 点加入 $f=1\ \text{kHz}$ 正弦信号 u_i，输出端用示波器监视输出波形，反复调整 R_W 及信号源的输出幅度，使在示波器的屏幕上得到一个最大不失真输出波形（或者 $U_B=9.0\ \text{V}$），然后置 $u_i=0$，用直流电压表测量晶体管各电极对地电位，计算 I_E，将测得数据记入表 $2-4-1$。

表 $2-4-1$　静态工作点的测量

$U_E(\text{V})$	$U_B(\text{V})$	$U_C(\text{V})$	$I_E(\text{mA})$

在下面整个测试过程中应保持 R_W 值不变（即保持静态工作点 I_E 不变）。

（2）测量电压放大倍数 A_V

接入负载 $R_L=1\ \text{k}\Omega$，在 B 点加 $f=1\ \text{kHz}$ 正弦信号 u_i，调节输入信号幅度，用示波器观察输出波形 U_L，在输出波形最大不失真情况下，用交流毫伏表测 U_i、U_L 值，记入表 $2-4-2$。

表 $2-4-2$　测量电压放大倍数 A_V

$U_i(\text{V})$	$U_L(\text{V})$	A_V

（3）测量输出电阻 $R_\circ$

接上负载 $R_L=1\ \text{k}\Omega$，在 B 点加 $f=1\ \text{kHz}$ 正弦信号 u_i，用示波器监视输出波形，测空载输出电压 $U_\circ$，有负载时输出电压 U_L，计算 $R_\circ$，记入表 $2-4-3$。

表 $2-4-3$　测量输出电阻 $R_\circ$

$U_\circ(\text{V})$	$U_L(\text{V})$	$R_\circ(\text{k}\Omega)$

（4）测量输入电阻 R_i

在 A 点加 $f=1\ \text{kHz}$ 的正弦信号 u_S，用示波器监视输出波形，用交流毫伏表分别测出 A、B 点对地的电位 U_S、U_i，记入表 $2-4-4$。

表 $2-4-4$　测量输入电阻 R_i

$U_S(\text{V})$	$U_i(\text{V})$	$R_i(\text{k}\Omega)$

（5）测试跟随特性

接入负载 $R_L=1\ \text{k}\Omega$，在 B 点加入 $f=1\ \text{kHz}$ 正弦信号 u_i，逐渐增大信号 u_i 幅度，用示

波器监视输出波形直至输出波形达最大不失真,测量对应的 U_L 值,记入表 2 - 4 - 5。

表 2 - 4 - 5　测试跟随特性

U_i(V)	
U_L(V)	

五、实验报告要求

(1) 整理实验数据,并画出曲线 $U_L = f(U_i)$ 曲线。

(2) 分析射极跟随器的性能和特点。

(3) 谈谈你是怎样理解射极跟随器的。分析为什么放大电路只放大电流而没放大电压。

实验 5　差动放大电路

一、实验目的

(1) 加深对差动放大器性能及特点的理解。

(2) 学习差动放大器主要性能指标的测试方法。

二、实验设备与器材

(1) 电子学综合实验装置;

(2) 函数信号发生器;

(3) 双踪示波器;

(4) 万用表;

(5) 差动放大器;

(6) 导线若干。

三、实验原理

图 2-5-1 是差动放大器的基本结构。它由两个元件参数相同的基本共射极放大电路组成。当开关 K 拨向左边时,构成典型的差动放大器。调零电位器 R_P 用来调节 T_1、T_2 管的静态工作点(使两个管子的外部参数一样),使得输入信号 $U_i = 0$ 时,双端输出电压 $U_o = 0$(是在对称的情况下)。R_E 为两管共用的发射极电阻,它对差模信号无负反馈作用,因而不影响差模电压放大倍数,但对共模信号有较强的负反馈作用,故可以有效地抑制零漂,稳定静态工作点。

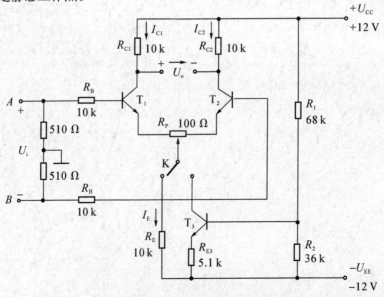

图 2-5-1　差动放大器实验电路

当开关 K 拨向右边时,构成具有恒流源的差动放大器。它用晶体管恒流源代替发射极电阻 R_E,可以进一步提高差动放大器抑制共模信号的能力。

电路恒流的原因是 T_3 管的基极电流不变,是由偏置电路决定的,发射极电流也不变,T_3 管发射极电流是电路的总电流,因总电流不变,所以此电路具有恒流的作用。R_P 可调节 T_1、T_2 管的对称度。

(1) 静态工作点的估算

典型电路

$$I_E \approx \frac{|U_{EE}| - U_{BE}}{R_E} (\text{认为 } U_{B1} = U_{B2} \approx 0)$$

$$I_{C1} = I_{C2} = \frac{1}{2} I_E$$

恒流源电路

$$I_{C3} \approx I_{E3} \approx \frac{\dfrac{R_2}{R_1 + R_2}(U_{CC} + |U_{EE}|) - U_{BE}}{R_{E3}}$$

$$I_{C1} = I_{C2} = \frac{1}{2} I_{C3}$$

(2) 差模电压放大倍数和共模电压放大倍数

当差动放大器的射极电阻 R_E 足够大,或采用恒流源电路时,差模电压放大倍数 A_d 由输出端方式决定,而与输入方式无关。

双端输出:$R_E = \infty$,R_P 在中点位置时,

$$A_d = \frac{\Delta U_o}{\Delta U_i} = -\frac{\beta R_C}{R_B + r_{be} + \frac{1}{2}(1 + \beta) R_P}$$

单端输出

$$A_{d1} = \frac{\Delta U_{C1}}{\Delta U_i} = \frac{1}{2} A_d$$

$$A_{d2} = \frac{\Delta U_{C2}}{\Delta U_i} = -\frac{1}{2} A_d$$

当输入共模信号时,若为单端输出,则有

$$A_{C1} = A_{C2} = \frac{\Delta U_{C1}}{\Delta U_i} = \frac{-\beta R_C}{R_B + r_{be} + (1 + \beta)\left(\frac{1}{2} R_P + 2R_E\right)} \approx -\frac{R_C}{2R_E}$$

若为双端输出,在理想情况下

$$A_C = \frac{\Delta U_o}{\Delta U_i} = 0$$

实际上由于元件不可能完全对称,因此 A_c 也不会绝对等于零。

(3) 共模抑制比 CMRR

为了表征差动放大器对有用信号(差模信号)的放大作用和对共模信号的抑制能力,通常用一个综合指标来衡量,即共模抑制比

$$CMRR = \left| \frac{A_d}{A_c} \right|$$

或

$$CMRR = 20 \lg \left| \frac{A_d}{A_c} \right| \text{(dB)}$$

差动放大器的输入信号可采用直流信号也可采用交流信号。本实验由函数信号发生器提供频率 $f = 1\,\text{kHz}$ 的正弦信号作为输入信号。

四、实验内容

(1) 典型差动放大器性能测试

按图 2-5-1 连接实验电路,开关 K 拨向左边构成典型差动放大器。

①测量静态工作点

调节放大器零点电位:信号源不接入,将放大器输入端 A、B 与地短接,接通 ±12 V 直流电源,用直流电压表测量输出电压 U_o,调节调零电位器 R_P,使 $U_o = 0$ V。调节要仔细,力求准确。

②测量静态工作点

零点调好以后,用直流电压表测量 T_1、T_2 管各电极电位及发射极电阻 R_E 两端电压 U_{RE},记入表 2-5-1。

表 2-5-1 静态工作点的测量

	U_{C1}(V)	U_{B1}(V)	U_{E1}(V)	U_{C2}(V)	U_{B2}(V)	U_{E2}(V)	U_{RE}(V)
测量值							
计算值	I_C(mA)			I_B(mA)		U_{CE}(V)	

③测量差模电压放大倍数

断开 A、B 与地的短接线,将函数信号发生器的输出端接放大器输入 A 端,地端接放大器输入 B 端构成单端输入方式。

调节输入信号为频率 $f = 1\,\text{kHz}$ 的正弦信号,调节函数信号发生器增大输入电压 U_i(有效值约 100 mV)。

在输出波形无失真情况下,观察 U_i、U_{C1}、U_{C2} 之间的相位关系,用交流毫伏表测 U_i、U_{C1}、U_{C2}、U_o,记入表 2-5-2 中。

④测量共模电压放大倍数

将放大器 A、B 短接,信号源接 A 端与地端之间,构成共模输入方式。

调节输入信号 $f = 1\ \text{kHz}$，U_i 有效值约为 $1\ \text{V}$，在输出波形无失真的情况下，测量 U_{C1}、U_{C2} 之值记入表 $2-5-2$，并观察 U_i、U_{C1}、U_{C2} 之间的相位关系及 U_{RE} 随 U_i 改变而变化的情况。共模电路中，电压增益越小说明电路性能越好。

表 2 - 5 - 2

	典型差动放大电路		具有恒流源差动放大电路	
	差模输入	共模输入	差模输入	共模输入
U_i	100 mV	1 V	100 mV	1 V
$U_{C1}(\text{V})$				
$U_{C2}(\text{V})$				
$U_o(\text{V})$				
$A_{d1} = \dfrac{U_{C1}}{U_i}$		/		/
$A_d = \dfrac{U_o}{U_i}$		/		/
$A_{C1} = \dfrac{U_{C1}}{U_i}$	/		/	
$A_C = \dfrac{U_o}{U_i}$	/		/	
$\text{CMRR} = \left\| \dfrac{A_{d1}}{A_{C1}} \right\|$				

（2）具有恒流源的差动放大电路性能测试

将图 $2-5-1$ 电路中开关 K 拨向右边，构成具有恒流源的差动放大电路。重复实验内容（1）的②、③，记入表 $2-5-2$。

五、实验报告要求

（1）比较 u_i、u_{C1} 和 u_{C2} 之间的相位关系。

（2）根据实验结果，总结电阻 R_E 和恒流源的作用。

实验 6 低频 OTL 功率放大器

一、实验目的

(1) 理解 OTL 功率放大器的工作原理。

(2) 学会 OTL 电路的调试及主要性能指标的测试方法。

二、实验设备与器材

(1) 电子学综合实验装置；

(2) 函数信号发生器；

(3) 双踪示波器；

(4) 万用表；

(5) 功率放大器；

(6) 导线若干。

三、实验原理

图 2-6-1 所示为 OTL 低频功率放大器。其中由晶体三极管 T_1 组成推动级(也称前置放大级)，T_2、T_3 是一对参数对称的 NPN 和 PNP 型晶体三极管，它们组成互补推挽 OTL 功放电路。由于每一个管子都接成射极输出器形式，因此具有输出电阻低，负载能力强等优点，适合于作功率输出级。T_1 管工作于甲类状态，它的集电极电流 I_{C1} 由电位器 R_{W1} 进行调节。I_{C1} 的一部分流经电位器 R_{W2} 及二极管 D，给 T_2、T_3 提供偏压。调节 R_{W2}，可以使 T_2、T_3 得到合适的静态电流而工作于甲、乙类状态，以克服交越失真。静态时要求输出端中点 A 的电位 $U_A = \dfrac{1}{2} U_{CC}$，可以通过调节 R_{W1} 来实现，又由于 R_{W1} 的一端接在 A 点，因此在电路中引入交、直流电压并联负反馈，一方面能够稳定放大器的静态工作点，同时也改善了非线性失真。

当输入正弦交流信号 u_i 时，经 T_1 放大、倒相后同时作用于 T_2、T_3 的基极，U_i 的负半周使 T_3 管导通(T_2 管截止)，有电流通过负载 R_L，同时向电容 C_0 充电，在 u_i 的正半周，T_2 导通(T_3 截止)，则已充好电的电容器 C_0 起着电源的作用，通过负载 R_L 放电，这样在 R_L 上就得到完整的正弦波。C_2 和 R 构成自举电路，用于提高输出电压正半周的幅度，以得到较大的动态范围。

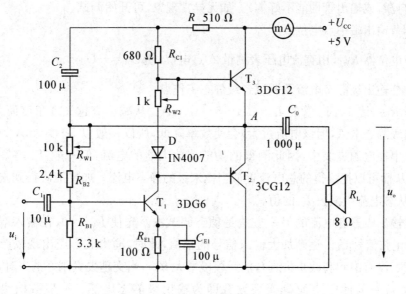

图 2 - 6 - 1　OTL 功率放大器实验电路

OTL 电路的主要性能指标：

（1）最大不失真输出功率 P_{om}

理想情况下，$P_{om}=\dfrac{1}{8}\dfrac{U_{CC}^2}{R_L}$，在实验中可通过测量 R_L 两端的最大不失真电压的有效值

来求得实际的 $P_{om}=\dfrac{U_o^2}{R_L}$。

（2）效率 η

$$\eta=\frac{P_{om}}{P_E}\times100\%$$

P_E——直流电源供给的平均功率。

理想情况下，$\eta_{max}=78.5\%$。在实验中，可测量电源供给的平均电流 I_{dC}，从而求得 $P_E=U_{CC}I_{dC}$，负载上的交流功率已用上述方法求出，因而也就可以计算实际效率了。

（3）频率响应

详见实验有关部分内容。

（4）输入灵敏度

输入灵敏度是指输出最大不失真功率时，输入信号 U_i 之值。

四、实验内容

在整个测试过程中，电路不应有自激现象。

（1）静态工作点的测试

按图 2 - 6 - 1 连接实验电路，将输入信号旋钮旋至零（$u_i=0$）电源进线中串入直流毫安表，电位器 R_{w2} 置最小值处，R_{w1} 置中间位置。接通 +5 V 电源，观察毫安表指示，同时用手触摸输出级管子，若电流过大，或管子温升显著，应立即断开电源检查原因（如 R_{w2} 开路,电路自激,或输出管性能不好等)。如无异常现象,可开始调试。

①调节输出端中点电位 U_A

调节电位器 R_{W1},用直流电压表测量 A 点电位,使 $U_A = \frac{1}{2}U_{CC}$。

②调整输出级静态电流及测试各级静态工作点

调节 R_{W2},使 T_2、T_3 管的 $I_{C2} = I_{C3} = 5 \sim 10$ mA。从减小交越失真角度而言,应适当加大输出级静态电流,但该电流过大,会使效率降低,所以一般以 $5 \sim 10$ mA 为宜。由于毫安表是串在电源进线中,因此测得的是整个放大器的电流,但一般 T_1 的集电极电流 I_{C1} 较小,从而可以把测得的总电流近似当作末级的静态电流。如要准确得到末级静态电流,则可从总电流中减去 I_{C1} 的值。

调整输出级静态电流的另一方法是动态调试法。先使 $R_{W2} = 0$,在输入端接入 $f = 1$ kHz 的正弦信号 U_i。逐渐加大输入信号的幅值,此时,输出波形应出现较严重的交越失真(注意:没有饱和和截止失真),然后缓慢增大 R_{W2},当交越失真刚好消失时,停止调节 R_{W2},恢复 $u_i = 0$,此时直流毫安表读数即为输出级静态电流。一般数值也应在 $5 \sim 10$ mA,如过大,则要检查电路。

输出级电流调好以后,测量各级静态工作点,记入表 2 - 6 - 1。

表 2 - 6 - 1 $I_{C2} = I_{C3} =$ mA,$U_A = 2.5$ V

	T_1	T_2	T_3
$U_B(V)$			
$U_C(V)$			
$U_E(V)$			

注意:

在调整 R_{W2} 时,一是要注意旋转方向,不要调得过大,更不能开路,以免损坏输出管。

输出管静态电流调好,如无特殊情况,不得随意旋动 R_{W2} 的位置。

(2) 最大输出功率 P_{om} 和效率 η 的测试

①测量 P_{om}

输入端接 $f = 1$ kHz 的正弦信号 u_i,输出端用示波器观察输出电压 u_o 波形。逐渐增大 U_i,使输出电压达到最大不失真输出,用交流毫伏表测出负载 R_L 上的电压 U_{om},则

$$P_{om} = \frac{U_{om}^2}{R_L}$$

②测量 η

当输出电压为最大不失真输出时,读出直流毫安表中的电流值,此电流即为直流电源供给的平均电流 I_{dc}(有一定误差),由此可近似求得 $P_E = U_{CC}I_{dc}$,再根据上面测得的 P_{om},即可求出 $\eta = \frac{P_{om}}{P_E}$。

（3）输入灵敏度测试

根据输入灵敏度的定义，只要测出输出功率 $P_o = P_{om}$ 时的输入电压值 U_i 即可。

（4）频率响应的测试

测试方法同实验二。记入表 2-6-2。

表 2-6-2　$U_i =$ _____ mV

			f_L		f_0		f_H	
$f(\text{Hz})$					1 000			
$U_o(\text{V})$								
A_V								

在测试时，为保证电路的安全，应在较低电压下进行，通常取输入信号为输入灵敏度的 50%。在整个测试过程中，应保持 U_i 为恒定值，且输出波形不得失真。

（5）研究自举电路的作用

①测量有自举电路，且 $P_o = P_{omax}$ 时的电压增益 $A_V = \dfrac{U_{om}}{U_i}$；

②将 C_2 开路，R 短路（无自举），再测量 $P_o = P_{omax}$ 的 A_V。

用示波器观察①、②两种情况下的输出电压波形，并将以上两项测量结果进行比较，分析研究自举电路的作用。

（6）噪声电压的测试

测量时将输入端短路（$u_i = 0$），观察输出噪声波形，并用交流毫伏表测量输出电压，即为噪声电压 U_N，本电路若 $U_N < 15\ \text{mV}$，即满足要求。

（7）试听

输入信号改为信号源输出，输出端接试听扬声器及示波器。开机试听，并观察语言和音乐信号的输出波形。

五、实验报告要求

（1）整理实验数据，计算静态工作点、最大不失真输出功率 P_{om}、效率 η 等，并与理论值进行比较。画频率响应曲线。

（2）分析自举电路的作用。

（3）讨论实验中发生的问题及解决办法。

实验 7　RC 正弦波振荡器

一、实验目的

(1) 学习 RC 正弦波振荡器的组成及其振荡条件。

(2) 学会测量、调试振荡器。

二、实验设备与器材

(1) 电子学综合实验装置;

(2) 函数信号发生器;

(3) 双踪示波器;

(4) 万用表;

(5) RC 振荡电路;

(6) 导线若干。

三、实验原理

从结构上看,正弦波振荡器是没有输入信号的,带选频网络的正反馈放大器。若用 R、C 元件组成选频网络,就称为 RC 振荡器,一般用来产生 1 Hz～1 MHz 的低频信号。

RC 串并联网络(文氏桥)振荡器,电路形式如图 2-7-1 所示。

振荡频率:$f_0 = \dfrac{1}{2\pi RC}$;

起振条件:$|A| > 3$;

电路特点:可方便地连续改变振荡频率,便于加负反馈稳幅,容易得到良好的振荡波形。

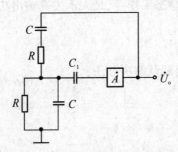

图 2-7-1　RC 串并联网络振荡器原理图

注:本实验采用两级共射极分立元件放大器组成 RC 正弦波振荡器。

四、实验内容

（1）RC 串并联选频网络振荡器

按图 2 - 7 - 2 组接线路。

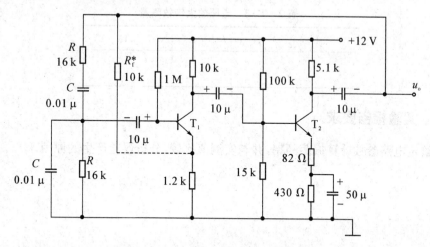

图 2 - 7 - 2　RC 串并联选频网络振荡器

接通 RC 串并联网络，调节 R_f 并使电路起振，用示波器观测输出电压 u_o 波形，再细调节 R_f，使获得满意的正弦信号，记录波形及其参数，即测量振荡频率、周期并与计算值进行比较；断开 RC 串并联网络，保持 R_f 不变，测量放大器静态工作点及电压放大倍数。

测量放大倍数时，应在输入端施加一频率 1 kHz、幅度为 15 mV 左右的正弦信号，用毫伏表测量 U_i、U_o 就可以计算出电路的放大倍数。

改变 R 或 C 值，观察振荡频率变化情况。

将 RC 串并联网络与放大器断开，用函数信号发生器的正弦信号注入 RC 串并联网络，保持输入信号的幅度不变（约 3 V），频率由低到高变化，RC 串并联网络输出幅值将随之变化，当信号源达某一频率时，RC 串并联网络的输出将达最大值（1 V 左右）。且输入、输出同相位，此时信号源频率为

$$f = f_o = \frac{1}{2\pi RC}$$

（2）实验数据记录：

表 2 - 7 - 1　静态工作点测量

	U_E	U_B	U_C
第一级			
第二级			

表 2 - 7 - 2　频率测量值

f(理论值)	f(实测值)	输出电压 u_o 波形

表 2 - 7 - 3　电压放大倍数测量

U_i	U_o	A_V

五、实验报告要求

由给定电路参数计算振荡频率,并与实测值比较,分析误差产生的原因。

实验 8　集成运算放大器应用电路设计

一、实验目的

(1) 了解集成运算放大器(μA741)的使用方法。

(2) 由集成运放芯片设计比例、积分基本运算电路。

(3) 由集成运放芯片设计电压比较器电路。

(4) 尝试由集成运放基本运算电路组成复杂系统。

二、实验设备与器材

(1) 电子学综合实验装置；

(2) 函数信号发生器；

(3) 双踪示波器；

(4) 万用表；

(5) 集成运算放大器 μA741、电阻、电容等；

(6) 导线若干。

三、实验原理

(1) 理想运算放大器特性

在大多数情况下,将运放视为理想运放,就是将运放的各项技术指标理想化,满足下列条件的运算放大器称为理想运放。

开环电压增益:$A_{ud} = \infty$；

输入阻抗:$r_i = \infty$；

输出阻抗:$r_o = 0$；

带宽:$f_{BW} = \infty$；

失调与漂移均为零等。

理想运放在线性应用时的两个重要特性:

① $U_+ \approx U_-$ ——"虚短"；

② $I_+ = I_- = 0$ ——"虚断"。

上述两个特性是分析理想运放应用电路的基本原则,可简化运放电路的计算。

(2) 基本运算电路

① 反相比例运算电路

电路如图 2 - 8 - 1 所示,对于理想运放,该电路的输出电压与输入电压之间的关系为

$$U_o = -\frac{R_F}{R_1}U_i$$

为了减小输入级偏置电流引起的运算误差,在同相输入端应接入平衡电阻 $R_2 = R_1 // R_f$。

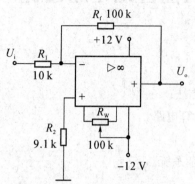

图 2-8-1 反相比例运算电路

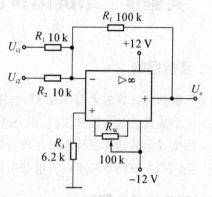

图 2-8-2 反相加法运算电路

②反相加法电路

电路如图 2-8-2 所示,输出电压与输入电压之间的关系为

$$U_o = -\left(\frac{R_f}{R_1}U_{i1} + \frac{R_f}{R_2}U_{i2}\right)$$

$$R_3 = R_1 // R_2 // R_f$$

③同相比例运算电路

图 2-8-3(a)是同相比例运算电路,它的输出电压与输入电压之间的关系为

$$U_o = \left(1 + \frac{R_f}{R_1}\right)U_i$$

$$R_2 = R_1 // R_f$$

当 $R_1 \to \infty$ 时,$U_o = U_i$,即得到如图 2-8-3(b)所示的电压跟随器。图中 $R_2 = R_f$,用以减小漂移和起保护作用。一般 R_f 取 10 kΩ,R_f 太小起不到保护作用,太大则影响跟随性。

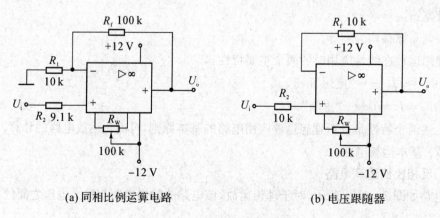

(a)同相比例运算电路　　　　　　　　(b)电压跟随器

图 2-8-3 同相比例运算电路

④减法器

对于图 2-8-4 所示的减法运算电路,当 $R_1 = R_2$,$R_3 = R_f$ 时,有如下关系式

$$U_o = \frac{R_f}{R_1}(U_{i2} - U_{i1})$$

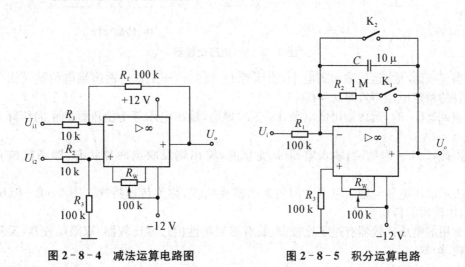

图 2-8-4　减法运算电路图　　　　图 2-8-5　积分运算电路

⑤积分运算电路

反相积分电路如图 2-8-5 所示。在理想化条件下,输出电压 U_o 等于

$$U_i(t) = -\frac{1}{R_1 C}\int dt + U_c(0)$$

式中 $U_c(0)$ 是 $t = 0$ 时刻电容 C 两端的电压值,即初始值。

如果 $U_i(t)$ 是幅值为 E 的阶跃电压,并设 $U_c(0) = 0$,则

$$U_o(t) = -\frac{1}{R_1 C}\int_0^t E dt = -\frac{E}{R_1 C}t$$

即输出电压 $U_o(t)$ 随时间增长而线性下降。显然 RC 的数值越大,达到给定的 U_o 值所需的时间越长。积分输出电压所达到的最大值受集成运放最大输出范围的限制。

在进行积分运算之前,首先应对运放调零。为了便于调节,将途中 K_1 闭合,即通过电阻 R_2 的负反馈作用帮助调零。但在完成调零后,应将 K_1 打开,以免 R_2 的接入造成积分误差。K_2 的设置一方面为积分电路提供通路,同时可实现积分电容初始电压 $U_c(0) = 0$,另一方面,可控制积分起始点,即在加入 U_i 后,只要 K_2 一打开,电容就被充电,电路也就开始积分运算。

（3）基本比较器电路

电压比较器是集成运放非线性应用电路,它将一个模拟量电压信号和一个参考电压相比较,在二者幅度相等的附近,输出电压将产生跃变,相应输出高电平或低电平。比较器可以组成非正弦波形变换电路及应用于模拟与数字信号转换等领域。

图 2-8-6 所示为一最简单的电压比较器,U_R 为参考电压,加在运放的同相输入端,输入电压 u_i 加在反相输入端。

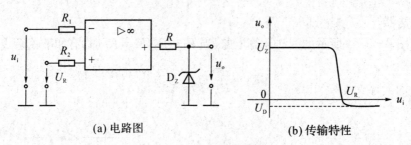

(a) 电路图　　　　　　　　　(b) 传输特性

图 2-8-6　电压比较器

当 $u_i < U_R$ 时,运放输出高电平,稳压管 D_z 反向稳压工作。输出端电位被其钳位在稳压管的稳定电压 U_Z,即 $u_o = U_Z$;

当 $u_i > U_R$ 时,运放输出低电平,D_z 正向导通,输出电压等于稳压管的正向压降 U_D,即 $u_o = -U_D$。

因此,以 U_R 为界,当输入电压 u_i 变化时,输出端反映出两种状态,即高电位和低电位。

表示输出电压与输入电压之间关系的特性曲线,称为传输特性。图 2-8-6(b)为(a)图比较器的传输特性。

常用的电压比较器有过零比较器、具有滞回特性的过零比较器、双限比较器(又称窗口比较器)等。

①过零比较器

电路如图 2-8-7(a)所示为加限幅电路的过零比较器,D_z 为限幅稳压管。信号从运放的反相输入端输入,参考电压为零,从同相端输入。当 $U_i > 0$ 时,输出 $U_o = -(U_Z + U_D)$;当 $U_i < 0$ 时,$U_o = +(U_Z + U_D)$。其电压传输特性如图 2-8-7(b)所示。

过零比较器结构简单,灵敏度高,但抗干扰能力差。

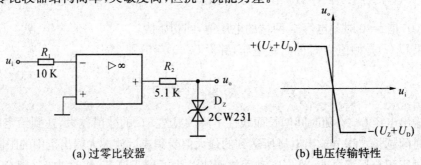

(a) 过零比较器　　　　　　　(b) 电压传输特性

图 2-8-7　过零比较器

②滞回比较器

图 2-8-8 为具有滞回特性的过零比较器。

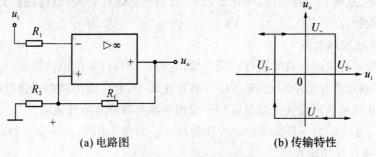

(a) 电路图　　　　　　　　　(b) 传输特性

图 2-8-8　滞回比较器

过零比较器在实际工作时,如果 u_i 恰好在过零值附近,则由于零点漂移的存在,u_o 将不断由一个极限值转换到另一个极限值,这在控制系统中,对执行机构将是很不利的。为此,就需要输出特性具有滞回现象。如图 2-8-8(a) 所示,从输出端引一个电阻分压正反馈支路到同相输入端,若 u_o 改变状态,+ 点也随着改变电位,使过零点离开原来位置。当 u_o 为正(记作 U_{T+})$U_T = \dfrac{R_2}{R_f + R_2} U_+$,则当 $u_i > U_T$ 后,u_o 即由正变负(记作 U_{T-}),此时 U_T 变为 $-U_T$。故只有当 u_i 下降到 $-U_T$ 以下,才能使 u_o 再度回升到 U_{T+},于是出现图 2-8-8(b) 中所示的滞回特性。$-U_T$ 与 U_T 的差别称为回差。改变 R_2 的数值可以改变回差的大小。

四、实验内容

(1) 调零

按图 2-8-9 接线,接通电源后,调节调零电位器 R_P,使输出电压 $U_o = 0$(小于 $\pm 10\ \mathrm{mA}$),运放调零后,在后面的实验中不要再改动电位器的位置。

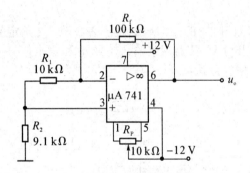

图 2-8-9　运算电路调零

(2) 反相比例运算

反相比例运算电路如图 2-8-10 所示按图接线,根据表 2-8-1 给定的值,测量对应的值,并填入表 2-8-1 中,并用示波器观察输入和输出波形,并将波形描绘于表 2-8-1 中。

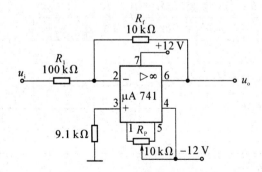

图 2-8-10　反相比例运算电路

表 2 - 8 - 1　测试表

$U_i(mV)$	U_i 为直流信号				U_i 为交流信号			
	100	200	300	500	100	200	300	500
实测值 $U_o(mV)$								
理论值 $U_o(mV)$								
实测 $|A_V|$								
u_i 波形								
u_o 波形								

注意:u_i 为直流信号时,u_i 直接从实验台上的 $0 \sim 30$ V 直流电源上获取,用直流电压表分别测量 u_i 和 u_o。

当 u_i 为交流信号时,u_i 由函数信号发生器提供频率为 1 000 Hz 的正弦信号,用交流毫伏表分别测量 u_i 和 u_o。

理论值:$U_o = -\dfrac{R_f}{R_1}U_i = -\dfrac{100}{10}U_i = -10U_i$

（3）同相比例运算

同相比例运算电路如图 2 - 8 - 11 所示,根据表 2 - 8 - 2 给定的 u_i 值,测量对应 u_o 值并填入表 2 - 8 - 2 中,同时用示波器观察输入信号 u_i 和输出信号 u_o 的波形,并将观察到的波形填入表 2 - 8 - 2 中。理论值:$U_o = (1 + R_f/R_1)U_i$

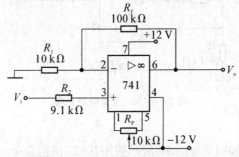

图 2 - 8 - 11　同相比例运算电路

表 2 - 8 - 2　测试表

$U_i(mV)$	U_i 为直流信号				U_i 为交流信号			
	100	200	300	500	100	200	300	500
实测值 $U_o(mV)$								
理论值 $U_o(mV)$								
实测 $|A_V|$								
u_i 波形								
u_o 波形								

（4）积分运算电路

按图 2 - 8 - 12 接线,由函数信号发生器提供幅度为 $f = 500$ Hz、幅度为 $V_{iP-P} = 12$ V 的方波和正弦波输入信号 u_i,用示波器测量输入、输出信号幅度和波形,记于表 2 - 8 - 3 中。

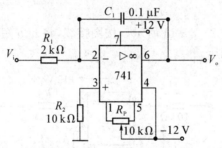

图 2-8-12　积分运算电路

表 2-8-3　测试表

	波形	波形	幅度
输入 U_i 波形 $f=500$ Hz $U_{iP-P}=12$ V			$u_{iP-P}=12$ V
输出 U_o 波形			$u_{oP-P}=$

（5）电压比较器

①单门限电压比较器

单门限电压比较器电路原理如图 2-8-13 所示，按图接线，V_i 为 $f=500$ Hz，最大值为 5 V 的正弦波（由函数信号发生器提供），V_{REF} 分别为 0 V、2 V、−2 V（V_{REF} 从实验台的直流信号源上获取），用双踪示波器观察 V_i、V_o 的波形和读出门限电压 V_T、V_i 和 V_o 峰-峰值电压，将其波形数据填入表 2-8-4 中。

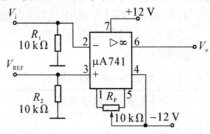

图 2-8-13　单门限电压比较器电路

表 2-8-4　测试表

	基准电压 V_{REF}（V）	0	2	−2
电压值	门限电压 V_T（V）			
	V_i 峰-峰值（V）			
	V_o 峰-峰值（V）			
	波形			
	传输特性			

注：其中：V_T 为 V_o 与 V_i 在垂直方向上的交点

②滞回比较器

滞回比较器电路如图2-8-14所示。按图接线,将 a、b 短路,接通电源。用万用表的直流电压挡测量输出电压。

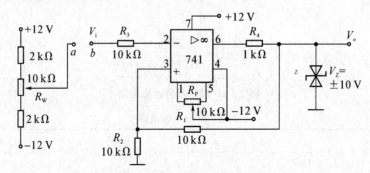

图 2-8-14 滞回比较器电路

若比较器输出电压 V_o 为负值,缓慢调节 R_w 使 V_o 由负变正,此时的 V_i 值为上门限电压 V_{T+},测出上门限电压 V_{T+} 和输出电压 V_o;继续调节 R_w,使 $|V_i|$ 增大,观察 V_{T+} 和 V_o 有无变化。

若比较器输出电压 V_o 为正值,缓慢调节 R_w 使 V_o 由正变负,此时的 V_i 值为下门限电压 V_{T-},测出下门限电压 V_{T-} 和输出电压 V_o;继续调节 R_w,使 $|V_i|$ 增大,观察 V_{T+} 和 V_o 有无变化。将数据记入表2-8-5中。

表 2-8-5 测试表

输入电压 V_i(V)		门限电压 V_T(V)		输出电压 V_o(V)	
正突变电压值	负突变电压值	V_{T+}	V_{T-}	V_{oH}	V_{oL}

断开 a、b,V_i 接 $f=500\,Hz$,最大值为 12 V 的正弦波(由函数信号发生器提供),用双踪示波器观察 V_i、V_o 的波形,读出上、下门限电压、V_i 和 V_o 峰值电压,将其波形和数据记入表2-8-6中,并画出其传输特性。

表 2-8-6 测试表

电压值		输入、输出波形	传输特性
最大值 V_i(V)	12		
V_{T+}(V)			
V_{T-}(V)			
V_{oH}(V)			
V_{oL}(V)			

五、实验报告要求

(1) 整理实验数据,并对实测数据和理论数据进行比较和分析,说明实测数据和理论数据之间出现误差的原因。

(2) 分析各电路的特性,尝试进行组合电路设计。

实验 9　晶闸管可控整流电路设计

一、实验目的

（1）观察单结晶体管触发电路产生输出波形的特点。

（2）了解晶闸管可控整流的控制原理。

（3）学习对交流可控整流输出电压波形的观察。

二、实验设备和器材

（1）电子学综合实验装置；

（2）函数信号发生器；

（3）双踪示波器；

（4）万用表；

（5）晶闸管 3CT3A，晶体管 BT33，IN4007×4，稳压管 IN4735，灯泡 12 V/0.1 A，电容等；

（6）导线若干。

三、实验原理

可控整流电路的作用是把交流电变换为电压值可以调节的直流电。图 2-9-1 所示为单相半控桥式整流实验电路。主电路由负载 R_L（灯泡）和晶闸管 T_1 组成，触发电路为单结晶体管 T_2 及一些阻容元件构成的阻容移相桥触发电路。改变晶闸管 T_1 的导通角，便可调节主电路的可控输出整流电压（或电流）的数值，这点可由灯泡负载的亮度变化看出。晶闸管导通角的大小决定于触发脉冲的频率 f，由公式：

$$f=\frac{1}{RC}\ln\left(\frac{1}{1-\eta}\right)$$

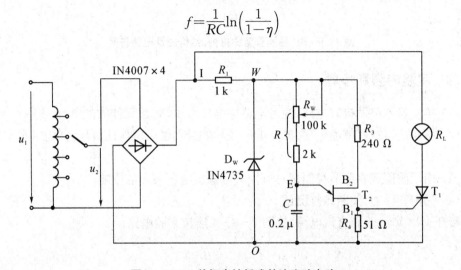

图 2-9-1　单相半控桥式整流实验电路

可知,当单结晶体管的分压比 η(一般在 0.5~0.8 之间)及电容 C 值固定时,则频率 f 大小由 R 决定,因此,通过调节电位器 R_w,便可以改变触发脉冲频率,主电路的输出电压也随之改变,从而达到可控调压的目的。

用万用电表的电阻挡(或用数字万用表二极管挡)可以对单结晶体管和晶闸管进行简易测试。

图 2-9-2 为单结晶体管 BT33 管脚排列、结构图及电路符号。好的单结晶体管 PN 结正向电阻 R_{EB1}、R_{EB2} 均较小,且 R_{EB1} 稍大于 R_{EB2},PN 结的反向电阻 R_{B1E}、R_{B2E} 均应很大,根据所测阻值,即可判断出各管脚及管子的质量优劣。

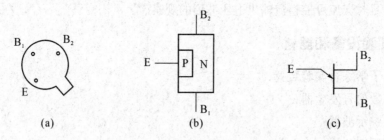

图 2-9-2 单结晶体管 BT33 管脚排列、结构图及电路符号

图 2-9-3 为晶闸管 3CT3A 管脚排列、结构图及电路符号。晶闸管阳极(A)—阴极(K)及阳极(A)—门极(G)之间的正、反向电阻 R_{AK}、R_{KA}、R_{AG}、R_{GA} 均应很大,而 G—K 之间为一个 PN 结,PN 结正向电阻应较小,反向电阻应很大。

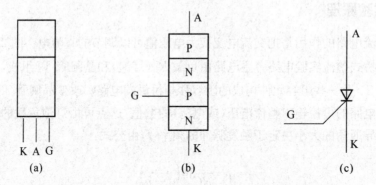

图 2-9-3 晶闸管管脚排列、结构图及电路符号

四、实验内容和步骤

(1) 按实验电路图接好电路,注意电路中电压大小,防止元件的击穿。

(2) 用示波器观察整流电压、滤波电压、限幅电压、触发电压的波形,并记录在实验报告中。

(3) 用示波器观察调节控制角对可控整流输出电压波形的影响。

(4) 晶闸管导通,关断条件测试

断开 $\pm12\,V$、$\pm5\,V$ 直流电源,按图 2-9-4 连接实验电路。

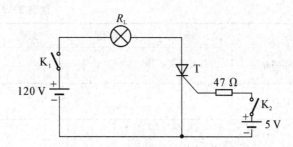

图 2-9-4　晶闸管导通、关断条件测试

①晶闸管阳极加 12 V 正向电压,门极开路,加 5 V 正向电压,观察管子是否导通(导通时灯泡亮,关断时灯泡熄灭),管子导通后,去掉+5 V 门极电压、反接门极电压(接-5 V),观察管子是否继续导通。

②晶闸管导通后,先去掉+12 V 阳极电压,再反接阳极电压(接-12 V),观察管子是否关断。记录之。

(5)晶闸管可控整流电路

按图 2-9-1 连接实验电路。取可调工频电源 14 V 电压作为整流电路输入电压 u_2,电位器 R_W 置中间位置。

①单结晶体管触发电路

断开主电路(把灯泡取下),接通工频电源,测量 U_2 值。用示波器依次观察并记录交流电压 u_2、整流输出电压 u_I(I—O)、削波电压 u_W(W—O)、锯齿波电压 u_E(E—O)、触发输出电压 u_{B1}(B₁—O)。记录波形时,注意各波形间对应关系,并标出电压幅度及时间。记入表 2-9-1。

改变移相电位器 R_W 阻值,观察 u_E 及 u_{B1} 波形的变化及 u_{B1} 的移相范围,记入表 2-9-1。

表 2-9-1　测试表

u_2	u_I	u_W	u_E	u_{B1}	移相范围

②可控整流电路

断开工频电源,接入负载灯泡 R_L,再接通工频电源,调节电位器 R_W,使电灯由暗到中等亮,再到最亮,用示波器观察晶闸管两端电压 u_{T1}、负载两端电压 u_L,并测量负载直流电压 U_L 及工频电源电压 U_2 有效值,记入表 2-9-2。

表 2-9-2　测试表

	暗	较亮	最亮
u_L 波形			
u_T 波形			

续表 2 - 9 - 2

	暗	较亮	最亮
导通角 θ			
$U_L(V)$			
$U_2(V)$			

五、实验报告要求

(1) 整理实验数据,分析触发脉冲产生的原因和条件。

(2) 画出实验中记录的波形(注意各波形间对应关系),并进行讨论。

(3) 对实验数据 U_L 与理论计算数据 $U_L = 0.9U_2 \dfrac{1+\cos\alpha}{2}$ 进行比较,并分析产生误差原因。

(4) 分析实验中出现的异常现象。

(5) 为什么可控整流电路必须保证触发电路与主电路同步?本实验是如何实现同步的?

(6) 可以采取哪些措施改变触发信号的幅度和移相范围?

实验 10　用运算放大器设计万用表

一、实验目的

（1）设计由运算放大器组成的万用表。

（2）组装与调试。

二、实验设备与器材

（1）表头：灵敏度为 1 mA，内阻为 100 Ω；

（2）运算放大器：μA741；

（3）电阻器：均采用 $\frac{1}{4}$ W 的金属膜电阻器；

（4）二极管：IN4007×（4）IN4148；

（5）稳压管：IN4728。

三、工作原理及参考电路

在测量中，电表的接入应不影响被测电路的原工作状态，这就要求电压表应具有无穷大的输入电阻，电流表的内阻应为零。但实际上，万用电表表头的可动线圈总有一定的电阻，例如 100 μA 的表头，其内阻约为 1 kΩ，用它进行测量时将影响被测量，引起误差。此外，交流电表中的整流二极管的压降和非线性特性也会产生误差。如果在万用电表中使用运算放大器，就能大大降低这些误差，提高测量精度。在欧姆表中采用运算放大器，不仅能得到线性刻度，还能实现自动调零。

（1）直流电压表

图 2-10-1 为同相端输入，高精度直流电压表电原理图。

为了减小表头参数对测量精度的影响，将表头置于运算放大器的反馈回路中，这时，流经表头的电流与表头的参数无关，只要改变 R_1 一个电阻，就可进行量程的切换。

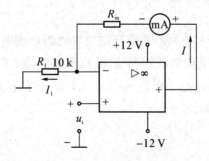

图 2-10-1　直流电压表

表头电流 I 与被测电压 U_i 的关系为

$$I = \frac{U_i}{R_1}$$

应当指出：图 2-10-1 适用于测量电路与运算放大器共地的有关电路。此外，当被测电压较高时，在运放的输入端应设置衰减器。

（2）直流电流表

图 2-10-2 是浮地直流电流表的电原理图。在电流测量中，浮地电流的测量是普遍存在的，例如，若被测电流无接地点，就属于这种情况。为此，应把运算放大器的电源也对地浮动，按此种方式构成的电流表就可像常规电流表那样，串联在任何电流通路中测量电流。

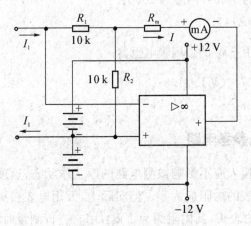

图 2-10-2　直流电流表

表头电流 I 与被测电流 I_1 间关系为

$$-I_1 R_1 = (I_1 - I) R_2$$

$$I = \left(1 + \frac{R_1}{R_2}\right) I_1$$

可见，改变电阻比 (R_1/R_2)，可调节流过电流表的电流，以提高灵敏度。如果被测电流较大时，应给电流表表头并联分流电阻。

（3）交流电压表

由运算放大器、二极管整流桥和直流毫安表组成的交流电压表如图 2-10-3 所示。被测交流电压 u_i 加到运算放大器的同相端，故有很高的输入阻抗，又因为负反馈能减少反馈回路中的非线性影响，故把二极管桥路和表头置于运算放大器的反馈回路中，以减小二极管本身非线性的影响。

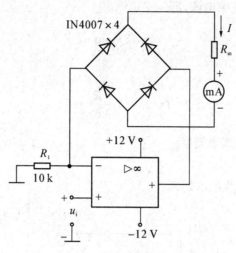

图 2 - 10 - 3　交流电压表

表头电流 I 与被测电压 u_i 的关系为

$$I = \frac{u_i}{R_1}$$

电流 I 全部流过桥路,其值仅与 u_i/R_1 有关,与桥路和表头参数(如二极管的死区等非线性参数)无关。表头中电流与被测电压 u_i 的全波整流平均值成正比,若 u_i 为正弦波,则表头可按有效值来刻度。被测电压的上限频率决定于运算放大器的频带和上升速率。

(4) 交流电流表

图 2 - 10 - 4 为浮地交流电流表,表头读数由被测交流电流 i 的全波整流平均值 I_{1AV} 决定,即 $I = \left(1 + \frac{R_1}{R_2}\right) I_{1AV}$

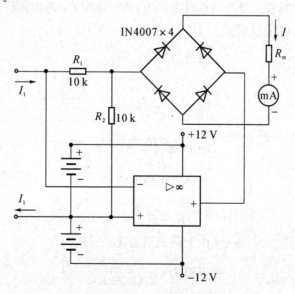

图 2 - 10 - 4　交流电流表

如果被测电流 i 为正弦电流,即

$$i_1 = \sqrt{2} I_1 \sin \omega t$$

则上式可写为

$$I = 0.9\left(1 + \frac{R_1}{R_2}\right) I_1$$

此时,表头可按有效值来刻度。

(5) 欧姆表

图 2-10-5 为多量程的欧姆表。

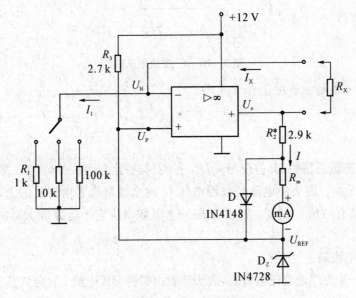

图 2-10-5 欧姆表

在此电路中,运算放大器改由单电源供电,被测电阻 R_X 跨接在运算放大器的反馈回路中,同相端加基准电压 U_{REF}。

因为 $U_P = U_N = U_{REF}$

$I_1 = I_X$

$$\frac{U_{REF}}{R_1} = \frac{U_o - U_{REF}}{R_X}$$

即 $R_X = \dfrac{R_1}{U_{REF}}(U_o - U_{REF})$

流经表头的电流

$$I = \frac{U_o - U_{REF}}{R_2 + R_m}$$

由上两式消去 $(U_o - U_{REF})$

可得 $I = \dfrac{U_{REF} R_X}{R_1(R_m + R_2)}$

可见,电流 I 与被测电阻成正比,而且表头具有线性刻度,改变 R_1 值,可改变欧姆表的量程。这种欧姆表能自动调零,当 $R_X=0$ 时,电路变成电压跟随器,$U_o=U_{REF}$,故表头电流为零,从而实现了自动调零。

二极管 D 起保护电表的作用,如果没有 D,当 R_X 超量程时,特别是当 $R_X→∞$,运算放大器的输出电压将接近电源电压,使表头过载。有了 D 就可使输出钳位,防止表头过载。调整 R_2,可实现满量程调节。

四、实验内容

电路设计

(1) 万用表的电路是多种多样的,建议用参考电路设计一只较完整的万用电表。

(2) 万用表作电压、电流或电阻测量时,和进行量程切换时应用开关切换,但实验时可用引接线切换。

设计要求

(1) 直流电压表:满量程+6 V;

(2) 直流电流表:满量程 10 mA;

(3) 交流电压表:满量程 6 V,50 Hz～1 kHz;

(4) 交流电流表:满量程 10 mA;

(5) 欧姆表:满量程分别为 1 kΩ、10 kΩ、100 kΩ。

注意事项

(1) 在连接电源时,正、负电源连接点上各接大容量的滤波电容器和 0.01 μF～0.1 μF 的小电容器,以消除通过电源产生的干扰。

(2) 万用表的电性能测试要用标准电压、电流表校正,欧姆表用标准电阻校正。考虑实验要求不高,建议用数字式 $4\frac{1}{2}$ 位万用电表作为标准表。

五、实验报告要求

(1) 画出完整的万用电表的设计电路原理图。

(2) 将万用电表与标准表作测试比较,计算万用电表各功能挡的相对误差,分析误差原因。

(3) 提出电路改进建议。

(4) 简述实验的收获与体会。

第3篇 数字电子技术实验

实验1 TTL集成门电路的逻辑功能与参数测试

一、实验目的

(1) 掌握 TTL 集成与非门的逻辑功能和主要参数的测试方法。

(2) 掌握 TTL 器件的使用规则。

(3) 熟悉数字电路实验装置的结构、基本功能和使用方法。

二、实验设备与器件

(1) +5 V 直流电源；

(2) 逻辑电平开关；

(3) 逻辑电平显示器；

(4) 直流数字电压表；

(5) 直流毫安表；

(6) 直流微安表；

(7) 74LS00、74LS20、1k、10k 电位器，200 Ω 电阻器(0.5 W)。

三、实验原理

本实验采用四输入双与非门 74LS20 和两输入四与非门 74LS00，即在一块集成块内含有两个或四个互相独立的与非门，每个与非门有四个或者两个输入端。其逻辑框图、符号及引脚排列如图 3-1-1(a)、(b)、(c)、(d)所示。

(1) 与非门的逻辑功能

与非门的逻辑功能是：当输入端中有一个或一个以上是低电平时，输出端为高电平；只有当输入端全部为高电平时，输出端才是低电平(即有"0"得"1"，全"1"得"0"。)

其逻辑表达式为 $Y=\overline{AB\cdots}$

(2) TTL 与非门的主要参数

①低电平输出电源电流 I_{CCL} 和高电平输出电源电流 I_{CCH}

与非门处于不同的工作状态，电源提供的电流是不同的。I_{CCL} 是指所有输入端悬空，输出端空载时，电源提供器件的电流。I_{CCH} 是指输出端空载，每个门各有一个以上的输入端接地，其余输入端悬空，电源提供给器件的电流。通常 $I_{\text{CCL}} > I_{\text{CCH}}$，它们的大小标志着器件静态功耗的大小。器件的最大功耗为 $P_{\text{CCL}}=V_{\text{CC}}I_{\text{CCL}}$。手册中提供的电源电流和功耗值是指整个器件总的电源电流和总的功耗。I_{CCL} 和 I_{CCH} 测试电路如图 3-1-2(a)、(b) 所示。

注意：TTL 电路对电源电压要求较严，电源电压 V_{CC} 只允许在 +5 V±10% 的范围内工作，超过 5.5 V 将损坏器件；低于 4.5 V 器件的逻辑功能将不正常。

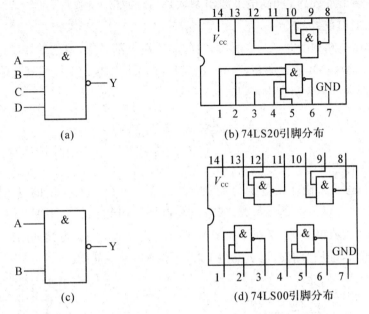

(a)

(b) 74LS20引脚分布

(c)

(d) 74LS00引脚分布

图 3-1-1   74LS20、74LS00 逻辑框图、逻辑符号及引脚排列

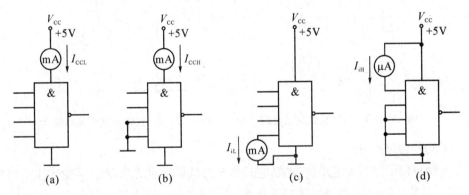

(a)　　　　(b)　　　　(c)　　　　(d)

图 3-1-2   TTL 与非门静态参数测试电路图

② 低电平输入电流 I_{iL} 和高电平输入电流 I_{iH}

I_{iL} 是指被测输入端接地，其余输入端悬空，输出端空载时，由被测输入端流出的电流值。在多级门电路中，I_{iL} 相当于前级门输出低电平时，后级向前级门灌入的电流，因此它关系到前级门的灌电流负载能力，即直接影响前级门电路带负载的个数，因此希望 I_{iL} 小些。

I_{iH} 是指被测输入端接高电平，其余输入端接地，输出端空载时，流入被测输入端的电流值。在多级门电路中，它相当于前级门输出高电平时，前级门的拉电流负载，其大小关系到前级门的拉电流负载能力，希望 I_{iH} 小些。由于 I_{iH} 较小，难以测量，一般免于测试。

I_{iL} 与 I_{iH} 的测试电路如图 3-1-2(c)、(d) 所示。

③ 扇出系数 N。

扇出系数 N_o 是指门电路能驱动同类门的个数,它是衡量门电路负载能力的一个参数,TTL 与非门有两种不同性质的负载,即灌电流负载和拉电流负载,因此有两种扇出系数,即低电平扇出系数 N_{oL} 和高电平扇出系数 N_{oH}。通常 $I_{iH}<I_{iL}$,则 $N_{oH}>N_{oL}$,故常以 N_{oL} 作为门的扇出系数。

N_{oL} 的测试电路如图 3-1-3 所示,门的输入端全部悬空,输出端接灌电流负载 R_L,调节 R_L 使 I_{oL} 增大,V_{oL} 随之增高,当 V_{oL} 达到 V_{oLm}(手册中规定低电平规范值 0.4 V)时的 I_{oL} 就是允许灌入的最大负载电流,则

$$N_{oL}=\frac{I_{oL}}{I_{iL}} \quad 通常 \ N_{oL}\geqslant 8$$

④电压传输特性

门的输出电压 v_o 随输入电压 v_i 而变化的曲线 $v_o=f(v_i)$ 称为门的电压传输特性,通过它可读得门电路的一些重要参数,如输出高电平 V_{oH}、输出低电平 V_{oL}、关门电平 V_{off}、开门电平 V_{ON}、阈值电平 V_T 及抗干扰容限 V_{NL}、V_{NH} 等值。测试电路如图 3-1-4 所示,采用逐点测试法,即调节 R_W,逐点测得 V_i 及 V_o,然后绘成曲线。

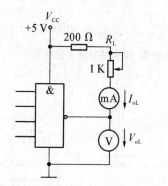

图 3-1-3 扇出系数测试电路

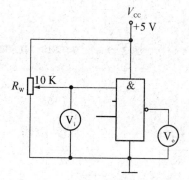

图 3-1-4 传输特性测试电路

⑤平均传输延迟时间 t_{pd}

t_{pd} 是衡量门电路开关速度的参数,它是指输出波形边沿的 $0.5V_m$ 至输入波形对应边沿 $0.5V_m$ 点的时间间隔,如图 3-1-5 所示。

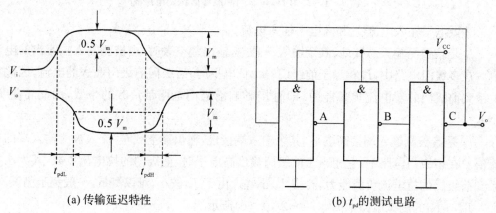

(a) 传输延迟特性　　　　　　　　　(b) t_{pd} 的测试电路

图 3-1-5 传输特性及 t_{pd} 测试电路

图 3-1-5(a)中的 t_{pdL} 为导通延迟时间，t_{pdH} 为截止延迟时间，平均传输延迟时间为

$$t_{\text{pd}} = \frac{1}{2}(t_{\text{pdL}} + t_{\text{pdH}})$$

t_{pd} 的测试电路如图 3-1-5(b)所示，由于 TTL 门电路的延迟时间较小，直接测量时对信号发生器和示波器的性能要求较高，故实验采用测量由奇数个与非门组成的环形振荡器的振荡周期 T 来求得。其工作原理是：假设电路在接通电源后某一瞬间，电路中的 A 点为逻辑"1"，经过三级门的延迟后，使 A 点由原来的逻辑"1"变为逻辑"0"；再经过三级门的延迟后，A 点电平又重新回到逻辑"1"。电路中其他各点电平也跟随变化。说明使 A 点发生一个周期的振荡，必须经过 6 级门的延迟时间。因此平均传输延迟时间为

$$t_{\text{pd}} = \frac{T}{6}$$

TTL 电路的 t_{pd} 一般在 10 ns～40 ns 之间。

74LS20 主要电参数规范如表 3-1-1 所示

表 3-1-1　74LS20 主要电参数

参数名称和符号		规范值	单位	测试条件
	导通电源电流　I_{CCL}	<14	mA	$V_{CC}=5$ V，输入端悬空，输出端空载
	截止电源电流　I_{CCH}	<7	mA	$V_{CC}=5$ V，输入端接地，输出端空载
	低电平输入电流　I_{iL}	≤1.4	mA	$V_{CC}=5$ V，被测输入端接地，其他输入端悬空，输出端空载
直流参数	高电平输入电流　I_{iH}	<50	μA	$V_{CC}=5$ V，被测输入端 $V_{\text{in}}=2.4$ V，其他输入端接地，输出端空载
		<1	mA	$V_{CC}=5$ V，被测输入端 $V_{\text{in}}=5$ V，其他输入端接地，输出端空载
	输出高电平　V_{oH}	≥3.4	V	$V_{CC}=5$ V，被测输入端 $V_{\text{in}}=0.8$ V，其他输入端悬空，$I_{\text{oH}}=400$ μA
	输出低电平　V_{oL}	<0.3	V	$V_{CC}=5$ V，输入端 $V_{\text{in}}=2.0$ V，$I_{\text{oL}}=12.8$ mA
	扇出系数　N_{o}	4～8	V	同 V_{oH} 和 V_{oL}
交流参数	平均传输延迟时间　t_{pd}	≤20	ns	$V_{CC}=5$ V，被测输入端输入信号：$V_{\text{in}}=3.0$ V，$f=2$ MHz

四、实验内容

在合适的位置选取一个 14P 插座，按定位标记插好 74LS20 集成块。

(1) 验证 TTL 集成与非门 74LS00 及 74LS20 的逻辑功能

按图 3-1-1 引脚接线，门的四个输入端接逻辑开关输出插口，以提供"0"与"1"电平

信号,开关向上,输出逻辑"1",向下为逻辑"0"。门的输出端接由 LED 发光二极管组成的逻辑电平显示器(又称 0—1 指示器)的显示插口,LED 亮为逻辑"1",不亮为逻辑"0"。按表 1.2 的真值表逐个测试集成块中两个与非门的逻辑功能。其中 74LS20 有 4 个输入端,有 16 个最小项,在实际测试时,只要通过对输入 1111、0111、1011、1101、1110 五项进行检测就可判断其逻辑功能是否正常,将结果填入表 3-1-2。

表 3-1-2　逻辑功能验证表

输入		输出
A	B	Y
0	0	
0	1	
1	0	
1	1	

输入				输出
A	B	C	D	Y
1	1	1	1	
0	1	1	1	
1	0	1	1	
1	1	0	1	
1	1	1	0	

(2) 74LS20 电压传输特性的测试

按图 3-1-4 接线,调节电位器 R_W,使 v_i 从 0 V 向高电平变化,逐点测量 v_i 和 v_o 的对应值,记入表 3-1-3 中。

表 3-1-3　与非门传输特性测试表

V_i(V)	0	0.2	0.4	0.6	0.8	1.0	1.2	1.5	2.0	3.0	4.0	4.5	…
V_o(V)													

(3) 74LS20 主要直流电流参数的测试

按图 3-1-2(a)、(b)、(c)接线,完成电流参数的测量。

五、实验报告要求

(1) 记录、整理实验结果,并对结果进行分析。

(2) 画出实测的电压传输特性曲线,并从中读出各有关参数值。

六、集成电路芯片简介

数字电路实验中所用到的集成芯片都是双列直插式的,其引脚排列规则如图 3-1-1

所示。识别方法是：正对集成电路型号（如 74LS20）或看标记（左边的缺口或小圆点标记），从左下角开始按逆时针方向以 $1,2,3,\cdots$ 依次排列到最后一脚（在左上角）。在标准形 TTL 集成电路中，电源端 V_{CC} 一般排在左上端，接地端 GND 一般排在右下端。如 74LS20 为 14 脚芯片，14 脚为 V_{CC}，7 脚为 GND。若集成芯片引脚上的功能标号为 NC，则表示该引脚为空脚，与内部电路不连接。

七、TTL 集成电路使用规则

（1）接插集成块时，要认清定位标记，不得插反。

（2）电源电压使用范围为 $+4.5\,V\sim+5.5\,V$ 之间，实验中要求使用 $V_{cc}=+5\,V$。电源极性绝对不允许接错。

（3）闲置输入端处理方法

①悬空，相当于正逻辑"1"，对于一般小规模集成电路的数据输入端，实验时允许悬空处理。但易受外界干扰，导致电路的逻辑功能不正常。因此，对于接有长线的输入端，中规模以上的集成电路和使用集成电路较多的复杂电路，所有控制输入端必须按逻辑要求接入电路，不允许悬空。

②直接接电源电压 V_{CC}（也可以串入一只 $1\sim10\,k\Omega$ 的固定电阻）或接至某一固定电压（$+2.4\leqslant V\leqslant4.5\,V$）的电源上，或与输入端为接地的多余与非门的输出端相接。

③若前级驱动能力允许，可以与使用的输入端并联。

（4）输入端通过电阻接地，电阻值的大小将直接影响电路所处的状态。当 $R\leqslant680\,\Omega$ 时，输入端相当于逻辑"0"；当 $R\geqslant4.7\,k\Omega$ 时，输入端相当于逻辑"1"。对于不同系列的器件，要求的阻值不同。

（5）输出端不允许并联使用（集电极开路门（OC）和三态输出门电路（3S）除外）。否则不仅会使电路逻辑功能混乱，还会导致器件损坏。

（6）输出端不允许直接接地或直接接 $+5\,V$ 电源，否则将损坏器件，有时为了使后级电路获得较高的输出电平，允许输出端通过电阻 R 接至 V_{CC}，一般取 $R=3\sim5.1\,k\Omega$。

实验 2　组合逻辑电路的设计与测试

一、实验目的

掌握组合逻辑电路的设计与测试方法。

二、实验设备与器件

(1) +5 V 直流电源；

(2) 逻辑电平开关；

(3) 逻辑电平显示器；

(4) 直流数字电压表；

(5) CC4011 × 2 (74LS00)、CC4012 × 3 (74LS20)、CC4030 (74LS86)、CC4081 (74LS08)、74LS54×2(CC4085)、CC4001(74LS02)。

三、实验原理

(1) 使用中、小规模集成电路来设计组合电路是最常见的逻辑电路。设计组合电路的一般步骤如图 3-2-1 所示。

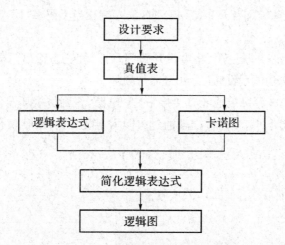

图 3-2-1　组合逻辑电路设计流程图

根据设计任务的要求建立输入、输出变量，并列出真值表。然后用逻辑代数或卡诺图化简法求出简化的逻辑表达式，并按实际选用逻辑门的类型修改逻辑表达式。根据简化后的逻辑表达式，画出逻辑图，用标准器件构成逻辑电路。最后，用实验来验证设计的正确性。

(2) 组合逻辑电路设计举例

用"与非"门设计一个表决电路。当三个输入端中有两个或三个为"1"时，输出端才为"1"。

设计步骤:根据题意列出真值表如表 3-2-1 所示,再填入卡诺图表 3-2-2 中。

表 3-2-1　真值表

A	0	0	0	0	1	1	1	1
B	0	0	1	1	0	0	1	1
C	0	1	0	1	0	1	0	1
Z	0	0	0	1	0	1	1	1

表 3-2-2　卡诺图

A＼BC	00	01	11	10
0			1	
1		1	1	1

由卡诺图得出逻辑表达式,并演化成"与非"的形式

$$Z = AB + BC + CA$$
$$= \overline{\overline{AB} \cdot \overline{BC} \cdot \overline{AC}}$$

根据逻辑表达式画出用"与非门"构成的逻辑电路如图 3-2-2 所示。

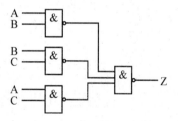

图 3-2-2　表决电路逻辑图

用实验验证逻辑功能在实验装置适当位置选定两个 14P 插座,按照集成块定位标记插好集成块 74LS00 和 74LS20。

按图 3-2-2 接线,输入端 A、B、C 接至逻辑开关输出插口,输出端 Z 接逻辑电平显示输入插口,按真值表(自拟)要求,逐次改变输入变量,测量相应的输出值,验证逻辑功能,与表 3-2-1 进行比较,验证所设计的逻辑电路是否符合要求。

四、实验内容

(1)用与非门设计上述表决电路。

要求按本节所述的设计步骤进行,直到测试电路逻辑功能符合设计要求为止。

(2)设计半加器电路,要求用与非门组成,写出设计过程并连线实现。

五、实验预习要求

(1)根据实验任务要求设计组合电路,并根据所给的标准器件画出逻辑图。

（2）如何用最简单的方法验证"与或非"门的逻辑功能是否完好？

（3）"与或非"门中，当某一组与端不用时，应作如何处理？

六、实验报告要求

（1）列出实验任务的设计过程，画出设计的电路图。

（2）对所设计的电路进行实验测试，记录测试结果。

（3）简述组合电路的设计体会。

实验 3　译码器及其应用

一、实验目的

(1) 掌握中规模集成译码器的逻辑功能和使用方法。

(2) 熟悉数码管的使用。

二、实验设备与器件

(1) +5 V 直流电源；

(2) 双踪示波器；

(3) 连续脉冲源；

(4) 逻辑电平开关；

(5) 逻辑电平显示器；

(6) 拨码开关组；

(7) 译码显示器；

(8) 74LS138×2、CC4511。

三、实验原理

译码器是一个多输入、多输出的组合逻辑电路。它的作用是把给定的代码进行"翻译",变成相应的状态,使输出通道中相应的一路有信号输出。译码器在数字系统中有广泛的用途,不仅用于代码的转换、终端的数字显示,还用于数据分配,存储器寻址和组合控制信号等。不同的功能可选用不同种类的译码器。

译码器可分为通用译码器和显示译码器两大类。前者又分为变量译码器和代码变换译码器。

(1) 变量译码器(又称二进制译码器),用以表示输入变量的状态,如 2 线～4 线、3 线～8 线和 4 线～16 线译码器。若有 n 个输入变量,则有 2^n 个不同的组合状态,就有 2^n 个输出端供其使用。而每一个输出所代表的函数对应于 n 个输入变量的最小项。

以 3 线～8 线译码器 74LS138 为例进行分析,图 3-3-1(a)、(b) 分别为其逻辑图及引脚排列。

其中 A_2、A_1、A_0 为地址输入端,$\overline{Y}_0 \sim \overline{Y}_7$ 为译码输出端,S_1、$\overline{S}_2$、$\overline{S}_3$ 为使能端。

表 3-3-1 为 74LS138 功能表。

当 $S_1 = 1$,$\overline{S}_2 + \overline{S}_3 = 0$ 时,器件使能,地址码所指定的输出端有信号(为 0)输出,其他所有输出端均无信号(全为 1)输出。当 $S_1 = 0$,$\overline{S}_2 + \overline{S}_3 = \times$ 时,或 $S_1 = \times$,$\overline{S}_2 + \overline{S}_3 = 1$ 时,译码器被禁止,所有输出同时为 1。

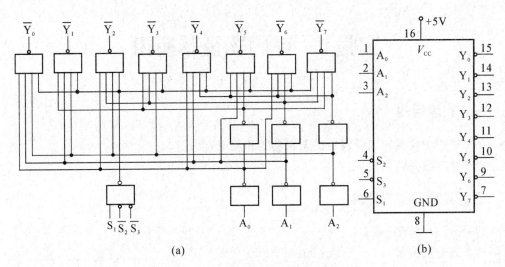

图 3-3-1　74LS138 逻辑图及引脚排列

表 3-3-1　74LS138 功能表

输入					输出							
S_1	$\overline{S}_2+\overline{S}_3$	A_2	A_1	A_0	$\overline{Y}_0$	$\overline{Y}_1$	$\overline{Y}_2$	$\overline{Y}_3$	$\overline{Y}_4$	$\overline{Y}_5$	$\overline{Y}_6$	$\overline{Y}_7$
1	0	0	0	0	0	1	1	1	1	1	1	1
1	0	0	0	1	1	0	1	1	1	1	1	1
1	0	0	1	0	1	1	0	1	1	1	1	1
1	0	0	1	1	1	1	1	0	1	1	1	1
1	0	1	0	0	1	1	1	1	0	1	1	1
1	0	1	0	1	1	1	1	1	1	0	1	1
1	0	1	1	0	1	1	1	1	1	1	0	1
1	0	1	1	1	1	1	1	1	1	1	1	0
0	×	×	×	×	1	1	1	1	1	1	1	1
×	1	×	×	×	1	1	1	1	1	1	1	1

　　二进制译码器实际上也是负脉冲输出的脉冲分配器。若利用使能端中的一个输入端输入数据信息,器件就成为一个数据分配器(又称多路分配器),如图 3-3-2 所示。若在 S_1 输入端输入数据信息,令 $\overline{S}_2=\overline{S}_3=0$,地址码所对应的输出是 S_1 数据信息的反码;若从 $\overline{S}_2$ 端输入数据信息,令 $S_1=1,\overline{S}_3=0$,地址码所对应的输出就是 $\overline{S}_2$ 端数据信息的原码。若数据信息是时钟脉冲,则数据分配器便成为时钟脉冲分配器。

　　根据输入地址的不同组合译出唯一地址,故可用作地址译码器。接成多路分配器,可将一个信号源的数据信息传输到不同的地点。

　　二进制译码器还能方便地实现逻辑函数,如图 3-3-3 所示,实现的逻辑函数是 $Z=\overline{A}\overline{B}C+\overline{A}B\overline{C}+A\overline{B}\overline{C}+ABC$

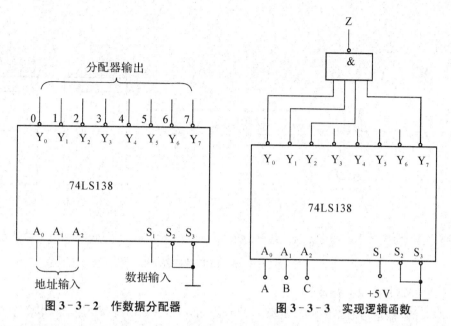

图 3-3-2　作数据分配器　　　　图 3-3-3　实现逻辑函数

利用使能端能方便地将两个 3/8 译码器组合成一个 4/16 译码器,如图 3-3-4 所示。

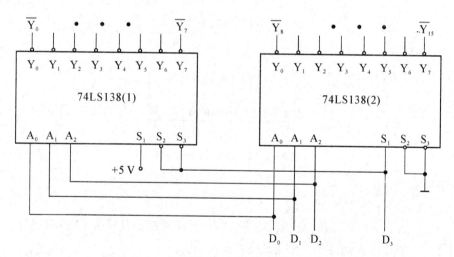

图 3-3-4　用两片 74LS138 组合成 4/16 译码器

(2) 数码显示译码器

① 七段发光二极管(LED)数码管

LED 数码管是目前最常用的数字显示器,图 3-3-5(a)、(b)为共阴管和共阳管的电路,图(c)为两种不同出线形式的引出脚功能图。

一个 LED 数码管可用来显示一位 0~9 十进制数和一个小数点。小型数码管(0.5 寸和 0.36 寸)每段发光二极管的正向压降,随显示光(通常为红、绿、黄、橙色)的颜色不同略有差别,通常为 2~2.5 V,每个发光二极管的点亮电流在 5~10 mA。LED 数码管要显示 BCD 码所表示的十进制数字就需要有一个专门的译码器,该译码器不但要完成译码功能,还要有相当的驱动能力。

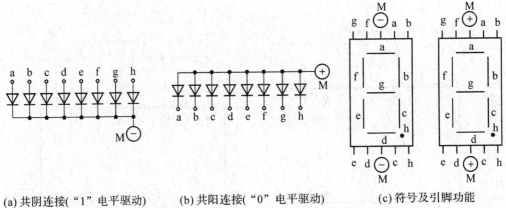

(a) 共阴连接("1"电平驱动)　(b) 共阳连接("0"电平驱动)　(c) 符号及引脚功能

图 3-3-5　LED 数码管

②BCD 码七段译码驱动器

此类译码器型号有 74LS47(共阳)、74LS48(共阴)、CC4511(共阴)等,本实验系采用 CC4511 BCD 码锁存/七段译码/驱动器,驱动共阴极 LED 数码管。

图 3-3-6 为 CC4511 引脚排列。

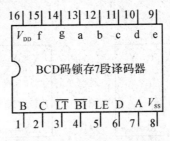

图 3-3-6　CC4511 引脚排列

其中:

A、B、C、D——BCD 码输入端。

a、b、c、d、e、f、g——译码输出端,输出"1"有效,用来驱动共阴极 LED 数码管。

$\overline{LT}$——测试输入端,$\overline{LT}$="0"时,译码输出全为"1"。

$\overline{BI}$——消隐输入端,$\overline{BI}$="0"时,译码输出全为"0"。

LE——锁定端,LE="1"时译码器处于锁定(保持)状态,译码输出保持在 LE=0 时的数值,LE=0 为正常译码。

表 3-3-2 为 CC4511 功能表。CC4511 内接有上拉电阻,故只需在输出端与数码管笔段之间串入限流电阻即可工作。译码器还有拒伪码功能,当输入码超过 1001 时,输出全为"0",数码管熄灭。

表 3 - 3 - 2　CC4511 功能表

| 输入 | | | | | | | 输出 | | | | | | | |
LE	$\overline{BI}$	$\overline{LT}$	D	C	B	A	a	b	c	d	e	f	g	显示字形
×	×	0	×	×	×	×	1	1	1	1	1	1	1	8
×	0	1	×	×	×	×	0	0	0	0	0	0	0	消隐
0	1	1	0	0	0	0	1	1	1	1	1	1	0	0
0	1	1	0	0	0	1	0	1	1	0	0	0	0	1
0	1	1	0	0	1	0	1	1	0	1	1	0	1	2
0	1	1	0	0	1	1	1	1	1	1	0	0	1	3
0	1	1	0	1	0	0	0	1	1	0	0	1	1	4
0	1	1	0	1	0	1	1	0	1	1	0	1	1	5
1	1	1	0	1	1	0	0	0	1	1	1	1	1	6
0	1	1	0	1	1	1	1	1	1	0	0	0	0	7
0	1	1	1	0	0	0	1	1	1	1	1	1	1	8
0	1	1	1	0	0	1	1	1	1	0	0	1	1	9
0	1	1	1	0	1	0	0	0	0	0	0	0	0	消隐
0	1	1	1	0	1	1	0	0	0	0	0	0	0	消隐
0	1	1	1	1	0	0	0	0	0	0	0	0	0	消隐
0	1	1	1	1	0	1	0	0	0	0	0	0	0	消隐
0	1	1	1	1	1	0	0	0	0	0	0	0	0	消隐
0	1	1	1	1	1	1	0	0	0	0	0	0	0	消隐
1	1	1	×	×	×	×	锁存							锁存

在本数字电路实验装置上已完成了译码器 CC4511 和数码管 BS202 之间的连接。实验时,只要接通+5 V 电源和将十进制数的 BCD 码接至译码器的相应输入端 A、B、C、D 即可显示 0～9 的数字。四位数码管可接受四组 BCD 码输入。CC4511 与 LED 数码管的连接如图 3 - 3 - 7 所示。

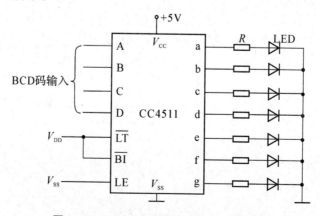

图 3 - 3 - 7　CC4511 驱动一位 LED 数码管

四、实验内容

(1) 74LS138 译码器逻辑功能测试,写出测试结果

将译码器使能端 S_1、$\bar{S}_2$、$\bar{S}_3$ 及地址端 A_2、A_1、A_0 分别接至逻辑电平开关输出口,八个输出端 $\bar{Y}_7$、$\bar{Y}_6$,$\cdots$,$\bar{Y}_0$ 依次连接在逻辑电平显示器的八个输入口上,拨动逻辑电平开关,按表 3-3-1 逐项测试 74LS138 的逻辑功能。

(2) 用 74LS138 实现的逻辑函数是 $Z=\overline{ABC}+\overline{A}B\overline{C}+A\overline{BC}+ABC$。

(3) 用 74LS138 构成时序脉冲分配器

参照图 3-3-2 和实验原理说明,时钟脉冲 CP 频率约为 1 kHz,要求分配器输出端 $\bar{Y}_0$、$\bar{Y}_1$,$\cdots$,$\bar{Y}_7$ 的信号与 CP 输入信号同相。

画出分配器的实验电路,用示波器观察和记录在地址端 A_2、A_1、A_0 分别取 000~111 8 种不同状态时 $\bar{Y}_0\cdots\bar{Y}_7$ 端的输出波形,注意输出波形与 CP 输入波形之间的相位关系。

(4) 用两片 74LS138 组合成一个 4~16 线译码器,并进行实验。

五、实验预习要求

(1) 复习有关译码器和分配器的原理。
(2) 根据实验任务,画出所需的实验线路及记录表格。

六、实验报告要求

画出实验线路,把观察到的波形画在坐标纸上,并标上对应的地址码。对实验结果进行分析、讨论。

实验 4　数据选择器及其应用

一、实验目的

(1) 掌握中规模集成数据选择器的逻辑功能及使用方法。

(2) 学习用数据选择器构成组合逻辑电路的方法。

二、实验设备与器件

(1) +5 V 直流电源；

(2) 逻辑电平开关；

(3) 逻辑电平显示器；

(4) 74LS151(或 CC4512)、74LS153(或 CC4539)。

三、实验原理

数据选择器又叫"多路开关"。数据选择器在地址码(或叫选择控制)电位的控制下，从几个数据输入中选择一个并将其送到一个公共的输出端。数据选择器的功能类似一个多掷开关，如图 3-4-1 所示，图中有四路数据 $D_0 \sim D_3$，通过选择控制信号 A_1、A_0(地址码)从四路数据中选中某一路数据送至输出端 Q。

数据选择器为目前逻辑设计中应用十分广泛的逻辑部件，它有 2 选 1、4 选 1、8 选 1、16 选 1 等类别。

数据选择器的电路结构一般由与或门阵列组成，也有用传输门开关和门电路混合而成的。

(1) 八选一数据选择器 74LS151

74LS151 为互补输出的 8 选 1 数据选择器，引脚排列如图 4.2，功能如表 4.1。

选择控制端(地址端)为 $A_2 \sim A_0$，按二进制译码，从 8 个输入数据 $D_0 \sim D_7$ 中，选择一个需要的数据送到输出端 Q，$\overline{S}$ 为使能端，低电平有效。

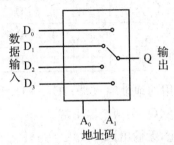

图 3-4-1　4 选 1 数据选择器示意图

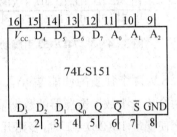

图 3-4-2　74LS151 引脚排列

表 3-4-1 74LS151 功能表

输入				输出	
$\overline{S}$	A_2	A_1	A_0	Q	$\overline{Q}$
1	×	×	×	0	1
0	0	0	0	D_0	$\overline{D}_0$
0	0	0	1	D_1	$\overline{D}_1$
0	0	1	0	D_2	$\overline{D}_2$
0	0	1	1	D_3	$\overline{D}_3$
0	1	0	0	D_4	$\overline{D}_4$
0	1	0	1	D_5	$\overline{D}_5$
0	1	1	0	D_6	$\overline{D}_6$
0	1	1	1	D_7	$\overline{D}_7$

①使能端 $\overline{S}=1$ 时,不论 $A_2 \sim A_0$ 状态如何,均无输出($Q=0$,$\overline{Q}=1$),多路开关被禁止。

②使能端 $\overline{S}=0$ 时,多路开关正常工作,根据地址码 A_2、A_1、A_0 的状态选择 $D_0 \sim D_7$ 中某一个通道的数据输送到输出端 Q。

如:$A_2 A_1 A_0 = 000$,则选择 D_0 数据到输出端,即 $Q=D_0$。

如:$A_2 A_1 A_0 = 001$,则选择 D_1 数据到输出端,即 $Q=D_1$,其余类推。

(2)双 4 选 1 数据选择器 74LS153

所谓双 4 选 1 数据选择器就是在一块集成芯片上有两个 4 选 1 数据选择器。引脚排列如图 3-4-3,功能如表 3-4-2。

表 3-4-2 74LS153 功能表

输入			输出
$\overline{S}$	A_1	A_0	Q
1	×	×	0
0	0	0	D_0
0	0	1	D_1
0	1	0	D_2
0	1	1	D_3

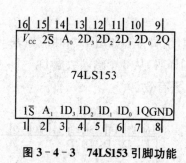

图 3-4-3 74LS153 引脚功能

$1\overline{S}$、$2\overline{S}$ 为两个独立的使能端;A_1、A_0 为公用的地址输入端;$1D_0 \sim 1D_3$ 和 $2D_0 \sim 2D_3$ 分别为两个 4 选 1 数据选择器的数据输入端;Q_1、Q_2 为两个输出端。

①当使能端 $1\overline{S}(2\overline{S})=1$ 时,多路开关被禁止,无输出,$Q=0$。

②当使能端 $1\overline{S}(2\overline{S})=0$ 时,多路开关正常工作,根据地址码 A_1、A_0 的状态,将相应的数据 $D_0 \sim D_3$ 送到输出端 Q。

如:$A_1 A_0 = 00$,则选择 D_0 数据到输出端,即 $Q=D_0$。

$A_1 A_0 = 01$，则选择 D_1 数据到输出端，即 $Q=D_1$，其余类推。

数据选择器的用途很多，例如多通道传输，数码比较，并行码变串行码，以及实现逻辑函数等。

（3）数据选择器的应用——实现逻辑函数

例 1　用 8 选 1 数据选择器 74LS151 实现函数

$$F = A\bar{B} + \bar{A}C + B\bar{C}$$

采用 8 选 1 数据选择器 74LS151 可实现任意三输入变量的组合逻辑函数。作出函数 F 的功能表，如表 3-4-3 所示，将函数 F 功能表与 8 选 1 数据选择器的功能表相比较，可知：将输入变量 C、B、A 作为 8 选 1 数据选择器的地址码 A_2、A_1、A_0，使 8 选 1 数据选择器的各数据输入 $D_0 \sim D_7$ 分别与函数 F 的输出值一一相对应。

即：$A_2 A_1 A_0 = CBA$

$D_0 = D_7 = 0$

$D_1 = D_2 = D_3 = D_4 = D_5 = D_6 = 1$

则 8 选 1 数据选择器的输出 Q 便实现了函数 $F = A\bar{B} + \bar{A}C + B\bar{C}$

接线图如图 3-4-4 所示。

表 3-4-3　函数 F 的功能表

输入			输出
C	B	A	F
0	0	0	0
0	0	1	1
0	1	0	1
0	1	1	1
1	0	0	1
1	0	1	1
1	1	0	1
1	1	1	0

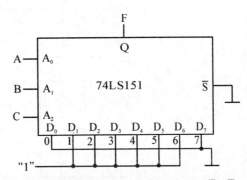

图 3-4-4　用 8 选 1 数据选择器实现 $F = A\bar{B} + \bar{A}C + B\bar{C}$

显然，采用具有 n 个地址端的数据选择实现 n 变量的逻辑函数时，应将函数的输入变量加到数据选择器的地址端（A），选择器的数据输入端（D）按次序以函数 F 输出值来赋值。

例 2　用 8 选 1 数据选择器 74LS151 实现函数 $F = A\bar{B} + \bar{A}B$

①列出函数 F 的功能表如表 3-4-3 所示。

②将 A、B 加到地址端 A_1、A_0，而 A_2 接地，由表 3-4-4 可见，将 D_1、D_2 接"1"及 D_0、D_3 接地，其余数据输入端 $D_4 \sim D_7$ 都接地，则 8 选 1 数据选择器的输出 Q，便实现了函数 $F = A\bar{B} + B\bar{A}$。

接线图如图 3-4-5 所示。

表 3-4-4　$F=A\bar{B}+B\bar{A}$ 功能表

B	A	F
0	0	0
0	1	1
1	0	1
1	1	0

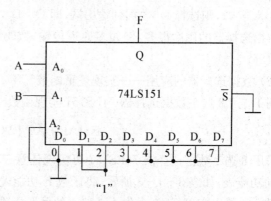

图 3-4-5　8 选 1 数据选择器实现 $F=A\bar{B}+\bar{A}B$ 的接线图

显然,当函数输入变量数小于数据选择器的地址端(A)时,应将不用的地址端及不用的数据输入端(D)都接地。

例3　用 4 选 1 数据选择器 74LS153 实现函数

$$F=\bar{A}BC+A\bar{B}C+AB\bar{C}+ABC$$

函数 F 的功能如表 3-4-5 所示。

表 3-4-5　函数 F 的功能表

输入			输出
A	B	C	F
0	0	0	0
0	0	1	0
0	1	0	0
0	1	1	1
1	0	0	0
1	0	1	1
1	1	0	1
1	1	1	1

函数 F 有三个输入变量 A、B、C,而数据选择器有两个地址端 A_1、A_0 少于函数输入变量个数,在设计时可任选 A 接 A_1 或 B 接 A_0。将函数功能表改画成表 3-4-6 形式,可见当将输入变量 A、B、C 中 B 接选择器的地址端 A_1、A_0,由表 3-4-6 不难看出:

$$D_0=0,D_1=D_2=C,D_3=1$$

则 4 选 1 数据选择器的输出,便实现了函数 $F=\bar{A}BC+A\bar{B}C+AB\bar{C}+ABC$

表 3 - 4 - 6　4 选 1 实现函数 F 功能表

输入			输出	中选数据端
A	B	C	F	
0	0	0	0	$D_0 = 0$
		1	0	
0	1	0	0	$D_1 = C$
		1	1	
1	0	0	0	$D_2 = C$
		1	1	
1	1	0	1	$D_3 = 1$
		1	1	

接线图如图 3 - 4 - 6 所示。

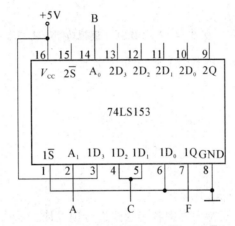

图 3 - 4 - 6　用 4 选 1 数据选择器实现 $F = \overline{A}BC + A\overline{B}C + AB\overline{C} + ABC$

当函数输入变量大于数据选择器地址端(A)时,可能随着选用函数输入变量作地址的方案不同,而使其设计结果不同,需对几种方案比较,以获得最佳方案。

四、实验内容

(1) 测试数据选择器 74LS151 的逻辑功能

按图 3 - 4 - 7 接线,地址端 A_2、A_1、A_0、数据端 $D_0 \sim D_7$、使能端 $\overline{S}$ 接逻辑开关,输出端 Q 接逻辑电平显示器,按 74LS151 功能表逐项进行测试,记录测试结果。

(2) 测试 74LS153 的逻辑功能测试方法及步骤同上,记录之

(3) 用 8 选 1 数据选择器 74LS151 设计三输入多数表决电路

①写出设计过程;

②画出接线图;

③验证逻辑功能。

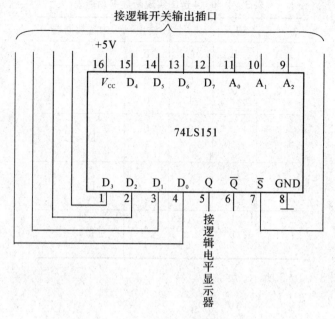

图 3 - 4 - 7 74LS151 逻辑功能测试

（4）用双 4 选 1 数据选择器 74LS153 实现全加器

①写出设计过程；

②画出接线图；

③验证逻辑功能。

五、预习内容

（1）复习数据选择器的工作原理。

（2）用数据选择器对实验内容中各函数式进行预设计。

六、实验报告

用数据选择器对实验内容进行设计，写出设计全过程，画出接线图，进行逻辑功能测试；总结实验收获、体会。

实验 5　触发器及其应用

一、实验目的

(1) 掌握基本 RS、JK、D 和 T 触发器的逻辑功能。
(2) 掌握集成触发器的逻辑功能及使用方法。
(3) 熟悉触发器之间相互转换的方法。

二、实验设备与器件

(1) +5 V 直流电源；
(2) 双踪示波器；
(3) 连续脉冲源；
(4) 单次脉冲源；
(5) 逻辑电平开关；
(6) 逻辑电平显示器；
(7) 74LS112(或 CC4027)、74LS00(或 CC4011)、74LS74(或 CC4013)。

三、实验原理

触发器具有两个稳定状态,用以表示逻辑状态"1"和"0",在一定的外界信号作用下,可以从一个稳定状态翻转到另一个稳定状态,它是一个具有记忆功能的二进制信息存贮器件,是构成各种时序电路的最基本逻辑单元。

(1) 基本 RS 触发器

图 3-5-1 为由两个与非门交叉耦合构成的基本 RS 触发器,它是无时钟控制低电平直接触发的触发器。基本 RS 触发器具有置"0"、置"1"和"保持"三种功能。通常称 $\bar{S}$ 为置"1"端,因为 $\bar{S}=0(\bar{R}=1)$ 时触发器被置"1"；$\bar{R}$ 为置"0"端,因为 $\bar{R}=0(\bar{S}=1)$ 时触发器被置"0",当 $\bar{S}=\bar{R}=1$ 时状态保持；$\bar{S}=\bar{R}=0$ 时,触发器状态不定,应避免此种情况发生,表 3-5-1 为基本 RS 触发器的功能表。

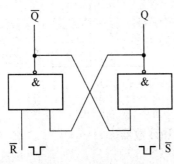

图 3-5-1　基本 RS 触发器

表 3-5-1　RS 触发器的功能表

输入		输出	
$\bar{S}$	$\bar{R}$	Q^{n+1}	$\bar{Q}^{n+1}$
0	1	1	0
1	0	0	1
1	1	Q^n	$\bar{Q}^n$
0	0	$\varnothing$	$\varnothing$

基本 RS 触发器也可以用两个"或非门"组成,此时为高电平触发有效。

(2) JK 触发器

在输入信号为双端的情况下,JK 触发器是功能完善、使用灵活和通用性较强的一种触发器。本实验采用 74LS112 双 JK 触发器,是下降边沿触发的边沿触发器。引脚功能及逻辑符号如图 3-5-2 所示。

JK 触发器的状态方程为

$$Q^{n+1} = J\overline{Q}^n + \overline{K}Q^n$$

J 和 K 是数据输入端,是触发器状态更新的依据,若 J、K 有两个或两个以上输入端时,组成"与"的关系。Q 与 $\overline{Q}$ 为两个互补输出端。通常把 $Q=0$、$\overline{Q}=1$ 的状态定为触发器"0"状态;而把 $Q=1$,$\overline{Q}=0$ 定为"1"状态。

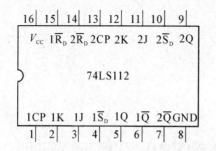
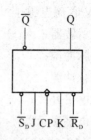

图 3-5-2　74LS112 双 JK 触发器引脚排列及逻辑符号

下降沿触发 JK 触发器的功能如表 3-5-2。

表 3-5-2　JK 触发器功能表

输入					输出	
$\overline{S}_D$	$\overline{R}_D$	CP	J	K	Q^{n+1}	$\overline{Q}^{n+1}$
0	1	×	×	×	1	0
1	0	×	×	×	0	1
0	0	×	×	×	φ	φ
1	1	↓	0	0	Q^n	$\overline{Q}^n$
1	1	↓	1	0	1	0
1	1	↓	0	1	0	1
1	1	↓	1	1	$\overline{Q}^n$	Q^n
1	1	↑	×	×	Q^n	$\overline{Q}^n$

注:×——任意态;↓——高到低电平跳变;↑——低到高电平跳变;

$Q^n(\overline{Q}^n)$——现态;$Q^{n+1}(\overline{Q}^{n+1})$——次态;$\varphi$——不定态。

JK 触发器常被用作缓冲存储器,移位寄存器和计数器。

(3) D 触发器

在输入信号为单端的情况下,D 触发器用起来最为方便,其状态方程为 $Q^{n+1} = D^n$,其输出状态的更新发生在 CP 脉冲的上升沿,故又称为上升沿触发的边沿触发器,触发器的状态只取决于时钟到来前 D 端的状态,D 触发器的应用很广,可用作数字信号的寄存、移位寄存、分频和波形发生等。有很多种型号可供各种用途的需要而选用。如双 D 74LS74、4D 74LS175、6D 74LS174 等。

图 3-5-3 为双 D 74LS74 的引脚排列及逻辑符号,功能如表 3-5-3。

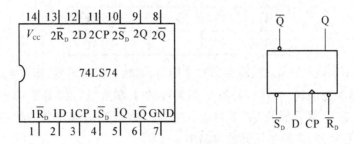

图 3-5-3　74LS74 引脚排列及逻辑符号

表 3-5-3　D 触发器功能表

输入				输出	
$\bar{S}_D$	$\bar{R}_D$	CP	D	Q^{n+1}	$\bar{Q}^{n+1}$
0	1	×	×	1	0
1	0	×	×	0	1
0	0	×	×	φ	φ
1	1	↑	1	1	0
1	1	↑	0	0	1
1	1	↓	×	Q^n	$\bar{Q}^n$

(4) 触发器之间的相互转换

在集成触发器的产品中,每一种触发器都有自己固定的逻辑功能。但可以利用转换的方法获得具有其他功能的触发器。例如将 JK 触发器的 J、K 两端连在一起,并认它为 T 端,就得到所需的 T 触发器。如图 3-5-4(a)所示,其状态方程为:$Q^{n+1}=T\bar{Q}^n+\bar{T}Q^n$。

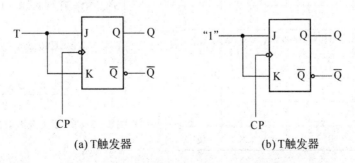

(a) T触发器　　　　　(b) T触发器

图 3-5-4　JK 触发器转换为 T、T′ 触发器

T 触发器的功能如表 3-5-4。

表 3-5-4　T 触发器功能表

输入				输出
$\overline{S}_D$	$\overline{R}_D$	CP	T	Q^{n+1}
0	1	×	×	1
1	0	×	×	0
1	1	↓	0	Q^n
1	1	↓	1	$\overline{Q}^n$

由功能表可见,当 T=0 时,时钟脉冲作用后,其状态保持不变;当 T=1 时,时钟脉冲作用后,触发器状态翻转。所以,若将 T 触发器的 T 端置"1",如图 3-5-4(b)所示,即得 T′ 触发器。在 T′ 触发器的 CP 端每来一个 CP 脉冲信号,触发器的状态就翻转一次,故称之为反转触发器,广泛用于计数电路中。

同样,若将 D 触发器 $\overline{Q}$ 端与 D 端相连,便转换成 T′ 触发器,如图 3-5-5 所示。

JK 触发器也可转换为 D 触发器,如图 3-5-6。

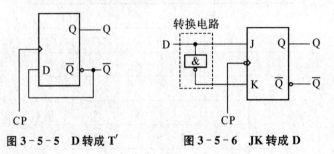

图 3-5-5　D 转成 T′　　　　图 3-5-6　JK 转成 D

(5) CMOS 触发器

①CMOS 边沿型 D 触发器

CC4013 是由 CMOS 传输门构成的边沿型 D 触发器。它是上升沿触发的双 D 触发器,表 3-5-5 为其功能表,图 3-5-7 为引脚排列。

表 3-5-5　CC4013 功能表

输入				输出
S	R	CP	D	Q^{n+1}
1	0	×	×	1
0	1	×	×	0
1	1	×	×	φ
0	0	↑	1	1
0	0	↑	0	0
0	0	↓	×	Q^n

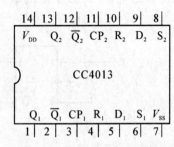

图 3-5-7　双上升沿 D 触发器

②CMOS 边沿型 JK 触发器

CC4027 是由 CMOS 传输门构成的边沿型 JK 触发器,它是上升沿触发的双 JK 触发器,表 3-5-6 为其功能表,图 3-5-8 为引脚排列。

表 3-5-6　CC4027 功能表

输入					输出
S	R	CP	J	K	Q^{n+1}
1	0	×	×	×	1
0	1	×	×	×	0
1	1	×	×	×	φ
0	0	↑	0	0	Q^n
0	0	↑	1	0	1
0	0	↑	0	1	0
0	0	↑	1	1	$\overline{Q}^n$
0	0	↓	×	×	Q^n

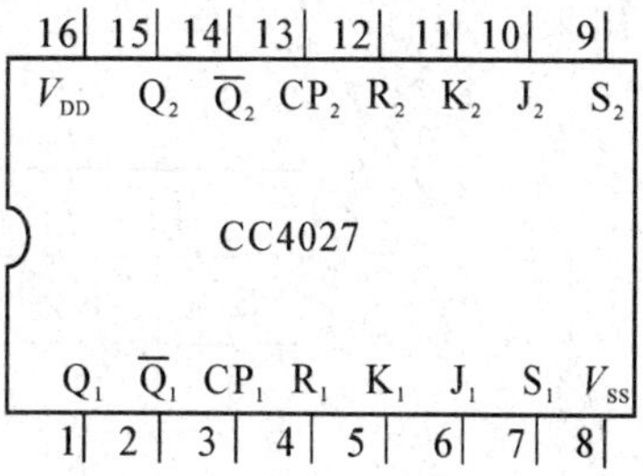

图 3-5-8　双上升沿 J—K 触发器

CMOS 触发器的直接置位、复位输入端 S 和 R 是高电平有效,当 S=1(或 R=1)时,触发器将不受其他输入端所处状态的影响,使触发器直接接置 1(或置 0)。但直接接置位、复位输入端 S 和 R 必须遵守 RS=0 的约束条件。CMOS 触发器在按逻辑功能工作时,S 和 R 必须均置 0。

四、实验内容

(1) 测试基本 RS 触发器的逻辑功能

按图 3-5-1,用两个与非门组成基本 RS 触发器,输入端 $\overline{R}$、$\overline{S}$ 接逻辑开关的输出插口,输出端 Q、$\overline{Q}$ 接逻辑电平显示输入插口,按表 3-5-7 要求测试,记录之。

表 3-5-7　RS 触发器功能测试

$\overline{R}$	$\overline{S}$	Q	$\overline{Q}$
0	0		
0	1		
1	0		
1	1		

(2) 测试双 JK 触发器 74LS112 逻辑功能

①测试 $\overline{R}_D$、$\overline{S}_D$ 的复位、置位功能

任取一只 JK 触发器,$\overline{R}_D$、$\overline{S}_D$、J、K 端接逻辑开关输出插口,CP 端接单次脉冲源,Q、$\overline{Q}$ 端接至逻辑电平显示输入插口。要求改变 $\overline{R}_D$、$\overline{S}_D$(J、K、CP 处于任意状态),并在 $\overline{R}_D=0$ ($\overline{S}_D=1$)或 $\overline{S}_D=0$($\overline{R}_D=1$)作用期间任意改变 J、K 及 CP 的状态,观察 Q、$\overline{Q}$ 状态。自拟表格并记录之。

②测试 JK 触发器的逻辑功能

按表 3-5-8 的要求改变 J、K、CP 端状态,观察 Q、$\overline{Q}$ 状态变化,观察触发器状态更新是否发生在 CP 脉冲的下降沿(即 CP 由 1→0),记录之。

③将 JK 触发器的 J、K 端连在一起,构成 T 触发器

在 CP 端输入 1 Hz 连续脉冲,直接观察 Q 端的变化。

在 CP 端输入 1 kHz 连续脉冲,用双踪示波器观察 CP、Q 端波形,注意相位关系,描绘出来。

表 3-5-8 JK 触发器测试

输入					输出	
$\overline{S}_D$	$\overline{R}_D$	CP	J	K	Q^n	$\overline{Q}^n$
0	1	×	×	×		
1	0	×	×	×		
0	0	×	×	×		
1	1	↓	0	0		
1	1	↓	1	0		
1	1	↓	0	1		
1	1	↓	1	1		

(3) 测试双 D 触发器 74LS74 的逻辑功能

①测试 $\overline{R}_D$、$\overline{S}_D$ 的复位、置位功能

测试方法同实验内容(1)、(2),自拟表格并记录。

②测试 D 触发器的逻辑功能

按表 3-5-9 要求进行测试,并观察触发器状态更新是否发生在 CP 脉冲的上升沿(即由 0→1),记录之。

表 3-5-9 D 触发器功能表

输入				输出	
$\overline{S}_D$	$\overline{R}_D$	CP	D	Q^{n+1}	$\overline{Q}^{n+1}$
0	1	×	×		
1	0	×	×		
0	0	×	×		
1	1	↑	0		
1	1	↑	1		

测试方法同实验内容(2),做好记录。

(4) 触发器功能转换

①用 D 触发器及与非门构成的 JK 触发器如图 3-5-9 所示,验证其逻辑功能

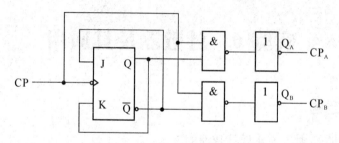

图 3-5-9　双相时钟脉冲电路

②将 D 触发器的 $\overline{Q}$ 端与 D 端相连接,构成 T' 触发器,验证其功能。

③将 JK 触发器转换成 T 触发器及 T' 触发器,验证其功能。

五、实验预习要求

(1)复习有关触发器内容。

(2)列出各触发器功能测试表格。

(3)按实验内容(4)的要求设计线路,拟定实验方案。

六、实验报告

(1)列表整理各类触发器的逻辑功能。

(2)总结观察到的波形,说明触发器的触发方式。

(3)体会触发器的应用。

(4)利用普通的机械开关组成的数据开关所产生的信号是否可作为触发器的时钟脉冲信号? 为什么? 是否可以用作触发器的其他输入端的信号? 为什么?

实验 6 计数器及其应用

一、实验目的

(1) 学习用集成触发器构成计数器的方法。

(2) 掌握中规模集成计数器的使用及功能测试方法。

二、实验设备与器件

(1) +5 V 直流电源；

(2) 双踪示波器；

(3) 连续脉冲源；

(4) 单次脉冲源；

(5) 逻辑电平开关；

(6) 逻辑电平显示器；

(7) 译码显示器；

(8) CC4013 × 2（74LS74）、CC40192 × 3（74LS192）、CC4011（74LS00）、CC4012（74LS20）。

三、实验原理

计数器是一个用以实现计数功能的时序部件，它不仅可用来计脉冲数，还常用作数字系统的定时、分频和执行数字运算以及其他特定的逻辑功能。

计数器种类很多。按构成计数器中的各触发器是否使用一个时钟脉冲源来分，有同步计数器和异步计数器。根据计数制的不同，分为二进制计数器、十进制计数器和任意进制计数器。根据计数的增减趋势，又分为加法、减法和可逆计数器。还有可预置数和可编程序功能计数器等。目前，无论是 TTL 还是 CMOS 集成电路，都有品种较齐全的中规模集成计数器。使用者只要借助于器件手册提供的功能表和工作波形图以及引出端的排列，就能正确地运用这些器件。

(1) 用 D 触发器构成异步二进制加/减计数器

图 3-6-1 是用 4 只 D 触发器构成的 4 位二进制异步加法计数器，它的连接特点是将每只 D 触发器接成 T' 触发器，再由低位触发器的 $\bar{Q}$ 端和高一位的 CP 端相连接。

若将图 3-6-1 稍加改动，即将低位触发器的 Q 端与高一位的 CP 端相连接，即构成了一个四位二进制减法计数器。

(2) 中规模十进制计数器

CC40192 是同步十进制可逆计数器，具有双时钟输入，并具有清除和置数等功能，其引脚排列及逻辑符号如图 3-6-2 所示。

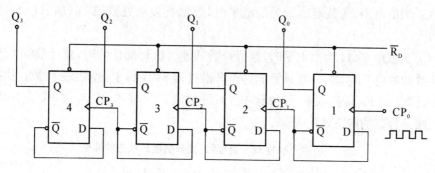

图 3 - 6 - 1　4 位二进制异步加法计数器

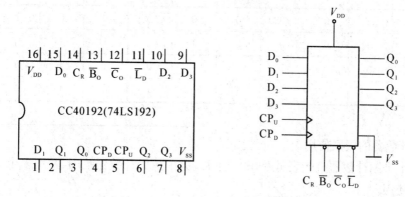

图 3 - 6 - 2　CC40192 引脚排列及逻辑符号

图中:$\overline{LD}$——置数端;

　　　CP_U——加计数端;

　　　CP_D——减计数端;

　　　$\overline{C_O}$——非同步进位输出端;

　　　$\overline{B_O}$——非同步借位输出端;

　　　D_0、D_1、D_2、D_3——计数器输入端;

　　　Q_0、Q_1、Q_2、Q_3——数据输出端;

　　　C_R——清除端。

CC40192(同 74LS192,二者可互换使用)的功能如表 3 - 6 - 1,说明如下:

表 3 - 6 - 1　CC40192 功能表

输入								输出			
C_R	$\overline{LD}$	CP_U	CP_D	D_3	D_2	D_1	D_0	Q_3	Q_2	Q_1	Q_0
1	×	×	×	×	×	×	×	0	0	0	0
0	0	×	×	d	c	b	a	d	c	b	a
0	1	↑	1	×	×	×	×	加计数			
0	1	1	↑	×	×	×	×	减计数			

当清除端 C_R 为高电平"1"时,计数器直接清零;C_R 置低电平则执行其他功能。

当 C_R 为低电平，置数端 $\overline{L_D}$ 也为低电平时，数据直接从置数端 D_0、D_1、D_2、D_3 置入计数器。

当 C_R 为低电平，$\overline{L_D}$ 为高电平时，执行计数功能。执行加计数时，减计数端 CP_D 接高电平，计数脉冲由 CP_U 输入；在计数脉冲上升沿进行 8421 码十进制加法计数。执行减计数时，加计数端 CP_U 接高电平，计数脉冲由减计数端 CP_D 输入，表 3-6-2 为 8421 码十进制加、减计数器的状态转换表。

表 3-6-2　8421 码十进制加、减计数器的状态转换表

加法计数 →

输入脉冲数		0	1	2	3	4	5	6	7	8	9
输出	Q_3	0	0	0	0	0	0	0	0	1	1
	Q_2	0	0	0	0	1	1	1	1	0	0
	Q_1	0	0	1	1	0	0	1	1	0	0
	Q_0	0	1	0	1	0	1	0	1	0	1

← 减计数

（3）计数器的级联使用

一个十进制计数器只能表示 0～9 十个数，为了扩大计数器范围，常用多个十进制计数器级联使用。

同步计数器往往设有进位（或借位）输出端，故可选用其进位（或借位）输出信号驱动下一级计数器。

图 3-6-3 是由 CC40192 利用进位输出 $\overline{C_O}$ 控制高一位的 CP_U 端构成的加数级联图。

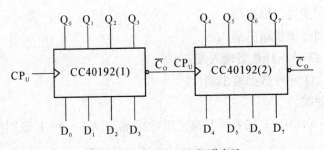

图 3-6-3　CC40192 级联电路

（4）实现任意进制计数

①用复位法获得任意进制计数器

假定已有 N 进制计数器，而需要得到一个 M 进制计数器时，只要 M＜N，用复位法使计数器计数到 M 时置"0"，即获得 M 进制计数器。如图 3-6-4 所示为一个由 CC40192 十进制计数器接成的六进制计数器。

②利用预置功能获 M 进制计数器

图 3-6-5 为用三个 CC40192 组成的 421 进制计数器。

外加的由与非门构成的锁存器可以克服器件计数速度的离散性，保证在反馈置"0"

信号作用下计数器可靠置"0"。

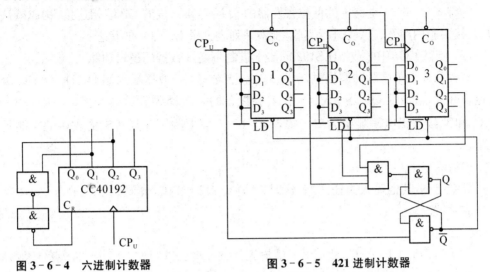

图 3-6-4 六进制计数器

图 3-6-5 421 进制计数器

图 3-6-6 是一个特殊十二进制的计数器电路方案。在数字钟里,对时位的计数序列是 1,2,…,11,12,是十二进制的,且无 0 数。如图所示,当计数到 13 时,通过与非门产生一个复位信号,使 CC40192(2)〔时十位〕直接置成 0000,而 CC40192(1),即时的个位直接置成 0001,从而实现了 1～12 计数。

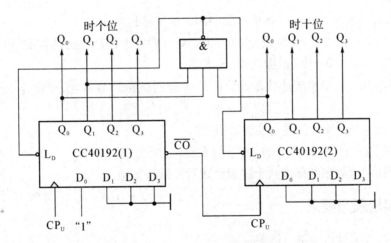

图 3-6-6 特殊 12 进制计数器

四、实验内容

(1) 用 CC4013 或 74LS74 D 触发器构成四位二进制异步加法计数器。

①按图 3-6-1 接线,$\overline{R}_D$ 接至逻辑开关输出插口,将低位 CP_0 端接单次脉冲源,输出端 Q_3、Q_2、Q_1、Q_0 接逻辑电平显示输入插口,各 $\overline{S}_D$ 接高电平"1"。

②清零后,逐个送入单次脉冲,观察并列表记录 Q_3～Q_0 状态。

③将单次脉冲改为 1 Hz 的连续脉冲,观察 Q_3～Q_0 的状态。

④将 1 Hz 的连续脉冲改为 1 kHz,用双踪示波器观察 CP、Q_3、Q_2、Q_1、Q_0 端波形,描

绘之。

⑤将图 3-6-1 电路中的低位触发器的 Q 端与高一位的 CP 端相连接,构成减法计数器,按实验内容②、③、④进行实验,观察并列表记录 $Q_3 \sim Q_0$ 的状态。

(2) 测试 CC40192 或 74LS192 同步十进制可逆计数器的逻辑功能

计数脉冲由单次脉冲源提供,清除端 C_R、置数端 $\overline{L_D}$、数据输入端 D_3、D_2、D_1、D_0 分别接逻辑开关,输出端 Q_3、Q_2、Q_1、Q_0 接实验设备的一个译码显示输入相应插口 D、C、B、A;$\overline{C_O}$ 和 $\overline{B_O}$ 接逻辑电平显示插口。按表 3-6-1 逐项测试并判断该集成块的功能是否正常。

①清除

令 $C_R = 1$,其他输入为任意态,这时 $Q_3 Q_2 Q_1 Q_0 = 0000$,译码数字显示为 0。清除功能完成后,置 $C_R = 0$。

②置数

$C_R = 0$,CP_U、CP_D 任意,数据输入端输入任意一组二进制数,令 $\overline{L_D} = 0$,观察计数译码显示输出,预置功能是否完成,此后置 $\overline{L_D} = 1$。

③加计数

$C_R = 0$,$\overline{L_D} = CP_D = 1$,$CP_U$ 接单次脉冲源。清零后送入 10 个单次脉冲,观察译码数字显示是否按 8421 码十进制状态转换表进行;输出状态变化是否发生在 CP_U 的上升沿。

④减计数

$C_R = 0$,$\overline{L_D} = CP_U = 1$,$CP_D$ 接单次脉冲源。参照③进行实验。

(3) 按图 3-6-3 所示,用两片 CC40192 组成两位十进制加法计数器,输入 1 Hz 连续计数脉冲,进行由 00~99 累加计数,记录之。

(4) 将两位十进制加法计数器改为两位十进制减法计数器,实现由 99~00 递减计数,记录之。

(5) 按图 3-6-4 电路进行实验,记录之。

(6) 按图 3-6-5,或图 3-6-6 进行实验,记录之。

(7) 设计一个数字钟移位六十进制计数器并进行实验。

五、实验预习要求

(1) 复习有关计数器部分内容。

(2) 绘出各实验内容的详细线路图。

(3) 拟出各实验内容所需的测试记录表格。

(4) 查手册,给出并熟悉实验所用各集成块的引脚排列图。

六、实验报告

(1) 画出实验线路图,记录、整理实验现象及实验所得的有关波形。对实验结果进行分析。

(2) 总结使用集成计数器的体会。

实验7　移位寄存器及其应用

一、实验目的

(1) 掌握中规模 4 位双向移位寄存器逻辑功能及使用方法。

(2) 熟悉移位寄存器的应用—实现数据的串行、并行转换和构成环形计数器。

二、实验设备及器件

(1) +5 V 直流电源；

(2) 单次脉冲源；

(3) 逻辑电平开关；

(4) 逻辑电平显示器；

(5) CC40194×2(74LS194)、CC4011(74LS00)、CC4068(74LS30)。

三、实验原理

移位寄存器是一个具有移位功能的寄存器，是指寄存器中所存的代码能够在移位脉冲的作用下依次左移或右移。既能左移又能右移的称为双向移位寄存器，只需要改变左、右移的控制信号便可实现双向移位要求。根据移位寄存器存取信息的方式不同分为：串入串出、串入并出、并入串出、并入并出四种形式。

本实验选用的 4 位双向通用移位寄存器，型号为 CC40194 或 74LS194，两者功能相同，可互换使用，其逻辑符号及引脚排列如图 3－7－1 所示。

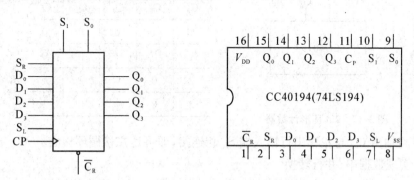

图 3－7－1　CC40194 的逻辑符号及引脚功能

其中 D_0、D_1、D_2、D_3 为并行输入端；Q_0、Q_1、Q_2、Q_3 为并行输出端；S_R 为右移串行输入端，S_L 为左移串行输入端；S_1、S_0 为操作模式控制端；$\overline{C}_R$ 为直接无条件清零端；C_P 为时钟脉冲输入端。

CC40194 有 5 种不同操作模式：即并行送数寄存，右移(方向由 $Q_0 \rightarrow Q_3$)，左移(方向由 $Q_3 \rightarrow Q_0$)，保持及清零。

S_1、S_0 和 $\overline{C}_R$ 端的控制作用如表 3-7-1。

表 3-7-1 S_1、S_0 和 $\overline{C}_R$ 端的控制作用

功能	输入										输出			
	C_P	$\overline{C}_R$	S_1	S_0	S_R	S_L	D_0	D_1	D_2	D_3	Q_0	Q_1	Q_2	Q_3
清除	×	0	×	×	×	×	×	×	×	×	0	0	0	0
送数	↑	1	1	1	×	×	a	b	c	d	a	b	c	d
右移	↑	1	0	1	D_{SR}	×	×	×	×	×	D_{SR}	Q_0	Q_1	Q_2
左移	↑	1	1	0	×	D_{SL}	×	×	×	×	Q_1	Q_2	Q_3	D_{SL}
保持	↑	1	0	0	×	×	×	×	×	×	Q_0^n	Q_1^n	Q_2^n	Q_3^n
保持	↓	1	×	×	×	×	×	×	×	×	Q_0^n	Q_1^n	Q_2^n	Q_3^n

移位寄存器应用很广,可构成移位寄存器型计数器、顺序脉冲发生器、串行累加器,可用作数据转换,即把串行数据转换为并行数据,或把并行数据转换为串行数据等。本实验研究移位寄存器用作环形计数器和数据的串、并行转换。

（1）环形计数器

把移位寄存器的输出反馈到它的串行输入端,就可以进行循环移位,如图 3-7-2 所示,把输出端 Q_3 和右移串行输入端 S_R 相连接,设初始状态 $Q_0Q_1Q_2Q_3=1000$,则在时钟脉冲作用下 $Q_0Q_1Q_2Q_3$ 将依次变为 0100→0010→0001→1000→……,如表 3-7-2 所示,可见它是一个具有四个有效状态的计数器,这种类型的计数器通常称为环形计数器。图 3-7-2 电路可以由各个输出端输出在时间上有先后顺序的脉冲,因此也可作为顺序脉冲发生器。

表 3-7-2 环形计数器功能表

C_P	Q_0	Q_1	Q_2	Q_3
0	1	0	0	0
1	0	1	0	0
2	0	0	1	0
3	0	0	0	1

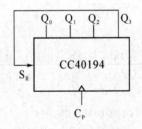

图 3-7-2 环形计数器

如果将输出 Q_0 与左移串行输入端 S_L 相连接,即可达左移循环移位。

（2）实现数据串、并行转换

串行/并行转换是指串行输入的数码,经转换电路之后变换成并行输出。

图 3-7-3 是用两片 CC40194(74LS194)四位双向移位寄存器组成的七位串/并行数据转换电路。

电路中 S_0 端接高电平 1,S_1 受 Q_7 控制,两片寄存器连接成串行输入右移工作模式。Q_7 是转换结束标志。当 $Q_7=1$ 时,S_1 为 0,使之成为 $S_1S_0=01$ 的串入右移工作方式,当 $Q_7=0$ 时,$S_1=1$,有 $S_1S_0=10$,则串行送数结束,标志着串行输入的数据已转换成并行输出了。

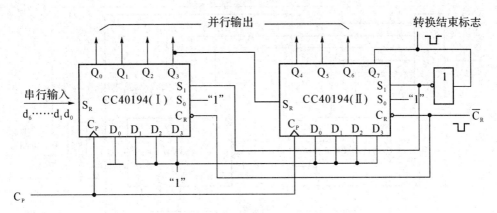

图 3-7-3　七位串行/并行转换器

串行/并行转换的具体过程如下：

转换前，$\overline{C}_R$ 端加低电平，使 1、2 两片寄存器的内容清 0，此时 $S_1S_0=11$，寄存器执行并行输入工作方式。当第一个 C_P 脉冲到来后，寄存器的输出状态 $Q_0 \sim Q_7$ 为 01111111，与此同时 S_1S_0 变为 01，转换电路变为执行串入右移工作方式，串行输入数据由 1 片的 S_R 端加入。随着 C_P 脉冲的依次加入，输出状态的变化可列成表 7.3 所示。

表 3-7-3　串行/并行转换变化表

C_P	Q_0	Q_1	Q_2	Q_3	Q_4	Q_5	Q_6	Q_7	说明
0	0	0	0	0	0	0	0	0	清零
1	0	1	1	1	1	1	1	1	送数
2	d_0	0	1	1	1	1	1	1	右移操作七次
3	d_1	d_0	0	1	1	1	1	1	
4	d_2	d_1	d_0	0	1	1	1	1	
5	d_3	d_2	d_1	d_0	0	1	1	1	
6	d_4	d_3	d_2	d_1	d_0	0	1	1	
7	d_5	d_4	d_3	d_2	d_1	d_0	0	1	
8	d_6	d_5	d_4	d_3	d_2	d_1	d_0	0	
9	0	1	1	1	1	1	1	1	送数

由表 3-7-3 可见，右移操作七次之后，Q_7 变为 0，S_1S_0 又变为 11，说明串行输入结束。这时，串行输入的数码已经转换成了并行输出了。

当再来一个 C_P 脉冲时，电路又重新执行一次并行输入，为第二组串行数码转换做好了准备。

并行/串行转换器是指并行输入的数码经转换电路之后，换成串行输出。

图 3-7-4 是用两片 CC40194(74LS194)组成的七位并行/串行转换电路，它比图 3-7-3 多了两只与非门 G_1 和 G_2，电路工作方式同样为右移。

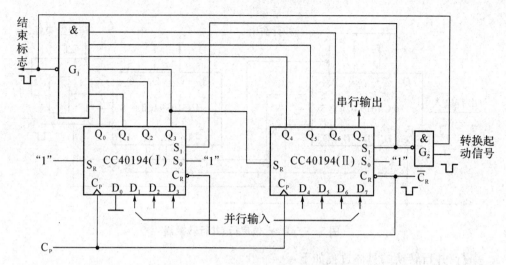

图 3-7-4 七位并行/串行转换器

寄存器清"0"后,加一个转换起动信号(负脉冲或低电平)。此时,由于方式控制 S_1S_0 为 11,转换电路执行并行输入操作。当第一个 C_P 脉冲到来后,$Q_0Q_1Q_2Q_3Q_4Q_5Q_6Q_7$ 的状态为 $0D_1D_2D_3D_4D_5D_6D_7$,并行输入数码存入寄存器。从而使得 G_1 输出为 1,G_2 输出为 0,结果,S_1S_2 变为 01,转换电路随着 C_P 脉冲的加入,开始执行右移串行输出,随着 C_P 脉冲的依次加入,输出状态依次右移,待右移操作七次后,$Q_0 \sim Q_6$ 的状态都为高电平 1,与非门 G_1 输出为低电平,G_2 门输出为高电平,S_1S_2 又变为 11,表示并/串行转换结束,且为第二次并行输入创造了条件。转换过程如表 3-7-4 所示。

表 3-7-4 转换过程表

C_P	Q_0	Q_1	Q_2	Q_3	Q_4	Q_5	Q_6	Q_7	串行输出						
0	0	0	0	0	0	0	0	0							
1	0	D_1	D_2	D_3	D_4	D_5	D_6	D_7							
2	1	0	D_1	D_2	D_3	D_4	D_5	D_6	D_7						
3	1	1	0	D_1	D_2	D_3	D_4	D_5	D_6	D_7					
4	1	1	1	0	D_1	D_2	D_3	D_4	D_5	D_6	D_7				
5	1	1	1	1	0	D_1	D_2	D_3	D_4	D_5	D_6	D_7			
6	1	1	1	1	1	0	D_1	D_2	D_3	D_4	D_5	D_6	D_7		
7	1	1	1	1	1	1	0	D_1	D_2	D_3	D_4	D_5	D_6	D_7	
8	1	1	1	1	1	1	1	0	D_1	D_2	D_3	D_4	D_5	D_6	D_7
9	0	D_1	D_2	D_3	D_4	D_5	D_6	D_7							

中规模集成移位寄存器,其位数往往以 4 位居多,当需要的位数多于 4 位时,可把几片移位寄存器用级联的方法来扩展位数。

四、实验内容

(1) 测试 CC40194(或 74LS194)的逻辑功能

按图 3-7-5 接线,$\overline{C}_R$、S_1、S_0、S_L、S_R、D_0、D_1、D_2、D_3 分别接至逻辑开关的输出插口;

Q_0、Q_1、Q_2、Q_3 接至逻辑电平显示输入插口。C_P 端接单次脉冲源。按表 3 - 7 - 5 所规定的输入状态,逐项进行测试。

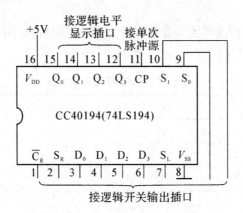

图 3 - 7 - 5 CC40194 逻辑功能测试

表 3 - 7 - 5 输出状态表

清除	模式		时钟	串行		输入	输出	功能总结
$\overline{C_R}$	S_1	S_0	C_P	S_L	S_R	$D_0\ D_1\ D_2\ D_3$	$Q_0\ Q_1\ Q_2\ Q_3$	
0	×	×	×	×	×	× × × ×		
1	1	1	↑	×	×	a b c d		
1	0	1	↑	×	0	× × × ×		
1	0	1	↑	×	1	× × × ×		
1	0	1	↑	×	0	× × × ×		
1	0	1	↑	×	0	× × × ×		
1	1	0	↑	1	×	× × × ×		
1	1	0	↑	×	×	× × × ×		
1	1	0	↑	1	×	× × × ×		
1	1	0	↑	1	×	× × × ×		
1	0	0	↑	×	×	× × × ×		

①清除:令 $\overline{C_R}=0$,其他输入均为任意态,这时寄存器输出 Q_0、Q_1、Q_2、Q_3 应均为 0。清除后,置 $\overline{C_R}=1$。

②送数:令 $\overline{C_R}=S_1=S_0=1$,送入任意 4 位二进制数,如 $D_0D_1D_2D_3=abcd$,加 C_P 脉冲,观察 $C_P=0$、C_P 由 $0→1$、C_P 由 $1→0$ 三种情况下寄存器输出状态的变化,观察寄存器输出状态变化是否发生在 C_P 脉冲的上升沿。

③右移:清零后,令 $\overline{C_R}=1$,$S_1=0$,$S_0=1$,由右移输入端 S_R 送入二进制数码如 0100,由 C_P 端连续加 4 个脉冲,观察输出情况,记录之。

④左移:先清零或预置,再令 $\overline{C_R}=1$,$S_1=1$,$S_0=0$,由左移输入端 S_L 送入二进制数码如 1111,连续加 4 个 C_P 脉冲,观察输出端情况,记录之。

⑤保持:寄存器预置任意 4 位二进制数码 abcd,令 $\overline{C}_R=1$,$S_1=S_0=0$,加 C_P 脉冲,观察寄存器输出状态,记录之。

(2) 环形计数器

自拟实验线路用并行送数法预置寄存器为某二进制数码(如 0100),然后进行右移循环,观察寄存器输出端状态的变化,记入表 3-7-6 中。

表 3-7-6　右移循环输出表

C_P	Q_0	Q_1	Q_2	Q_3
0	0	1	0	0
1				
2				
3				
4				

(3) 实现数据的串、并行转换

①串行输入、并行输出

按图 3-7-3 接线,进行右移串入、并出实验,串入数码自定;改接线路用左移方式实现并行输出。自拟表格,记录之。

②并行输入、串行输出

按图 3-7-4 接线,进行右移并入、串出实验,并入数码自定。再改接线路用左移方式实现串行输出。自拟表格,记录之。

五、实验预习要求

(1) 复习有关寄存器及串行、并行转换器有关内容。

(2) 查阅 CC40194、CC4011 及 CC4068 逻辑线路。熟悉其逻辑功能及引脚排列。

(3) 在对 CC40194 进行送数后,若要使输出端改成另外的数码,是否一定要使寄存器清零?

(4) 使寄存器清零,除采用 $\overline{C}_R$ 输入低电平外,可否采用右移或左移的方法?可否使用并行送数法?若可行,如何进行操作?

(5) 若进行循环左移,图 3-7-4 接线应如何改接?

(6) 画出用两片 CC40194 构成的七位左移串/并行转换器线路。

(7) 画出用两片 CC40194 构成的七位左移并/串行转换器线路。

六、实验报告

(1) 分析表 3-7-4 的实验结果,总结移位寄存器 CC40194 的逻辑功能并写入表格功能总结一栏中。

(2) 根据实验内容(2)的结果,画出 4 位环形计数器的状态转换图及波形图。

(3) 分析串/并、并/串转换器所得结果的正确性。

实验 8　555 时基电路及其应用

一、实验目的

（1）熟悉 555 型集成时基电路结构、工作原理及其特点。

（2）掌握 555 型集成时基电路的基本应用。

二、实验设备与器件

（1）+5 V 直流电源；

（2）双踪示波器；

（3）连续脉冲源；

（4）单次脉冲源；

（5）音频信号源；

（6）数字频率计；

（7）逻辑电平显示器；

（8）555×2、2CK13×2、电位器、电阻、电容若干。

三、实验原理

集成时基电路又称为集成定时器或 555 电路，是一种数字、模拟混合型的中规模集成电路，应用十分广泛。它是一种产生时间延迟和多种脉冲信号的电路，由于内部电压标准使用了三个 5 kΩ 电阻，故取名 555 电路。其电路类型有双极型和 CMOS 型两大类，二者的结构与工作原理类似。几乎所有的双极型产品型号最后的三位数码都是 555 或 556；所有的 CMOS 产品型号最后四位数码都是 7555 或 7556，二者的逻辑功能和引脚排列完全相同，易于互换。555 和 7555 是单定时器，556 和 7556 是双定时器。双极型的电源电压 $V_{CC} = +5$ V～$+15$ V，输出的最大电流可达 200 mA，CMOS 型的电源电压为 $+3$～$+18$ V。

（1）555 电路的工作原理

555 电路的内部电路方框图如图 3-8-1 所示。它含有两个电压比较器，一个基本 RS 触发器，一个放电开关管 T，比较器的参考电压由三只 5 kΩ 的电阻器构成的分压器提供。它们分别使高电平比较器 A_1 的同相输入端和低电平比较器 A_2 的反相输入端的参考电平为 $\frac{2}{3}V_{CC}$ 和 $\frac{1}{3}V_{CC}$。A_1 与 A_2 的输出端控制 RS 触发器状态和放电管开关状态。

当输入信号自 6 脚，即高电平触发输入并超过参考电平 $\frac{2}{3}V_{CC}$ 时，触发器复位，555 的输出端 3 脚输出低电平，同时放电开关管导通；当输入信号自 2 脚输入并低于 $\frac{1}{3}V_{CC}$ 时，触发器置位，555 的 3 脚输出高电平，同时放电开关管截止。

$\overline{R}_D$ 是复位端(4 脚),当 $\overline{R}_D = 0$,555 输出低电平。平时 $\overline{R}_D$ 端开路或接 V_{CC}。

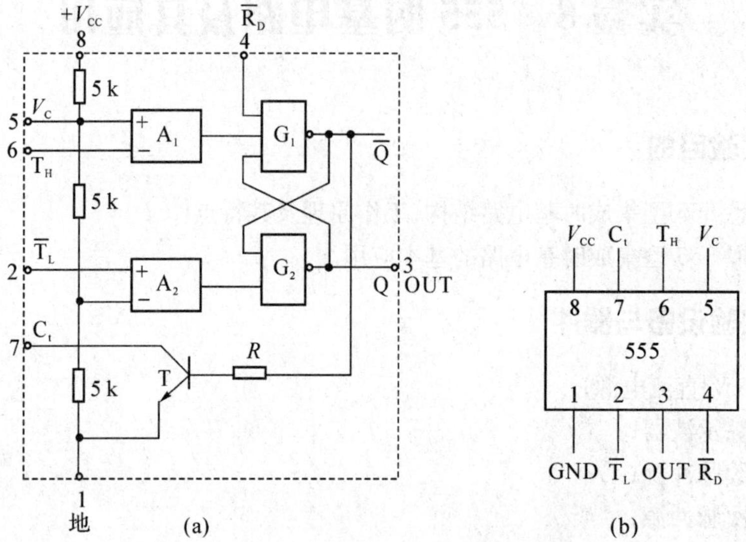

图 3-8-1　555 定时器内部框图及引脚排列

V_C 是控制电压端(5 脚),平时输出 $\frac{2}{3}V_{CC}$ 作为比较器 A_1 的参考电平,当 5 脚外接一个输入电压,即改变了比较器的参考电平,从而实现对输出的另一种控制,在不接外加电压时,通常接一个 $0.01\ \mu F$ 的电容器到地,起滤波作用,以消除外来的干扰,以确保参考电平的稳定。

T 为放电管,当 T 导通时,将给接于脚 7 的电容器提供低阻放电通路。

555 定时器主要是与电阻、电容构成充放电电路,并由两个比较器来检测电容器上的电压,以确定输出电平的高低和放电开关管的通断。这就很方便地构成从微秒到数十分钟的延时电路,可方便地构成单稳态触发器、多谐振荡器、施密特触发器等脉冲产生或波形变换电路。

(2) 555 定时器的典型应用

①构成单稳态触发器

图 3-8-2(a)为由 555 定时器和外接定时元件 R、C 构成的单稳态触发器。触发电路由 C_1、R_1、D 构成,其中 D 为钳位二极管,稳态时 555 电路输入端处于电源电平,内部放电开关管 T 导通,输出端 F 输出低电平,当有一个外部负脉冲触发信号经 C_1 加到 2 端。并使 2 端电位瞬时低于 $\frac{1}{3}V_{CC}$,低电平比较器动作,单稳态电路即开始一个暂态过程,电容 C 开始充电,V_C 按指数规律增长。当 V_C 充电到 $\frac{2}{3}V_{CC}$ 时,高电平比较器动作,比较器 A_1 翻转,输出 V。从高电平返回低电平,放电开关管 T 重新导通,电容 C 上的电荷很快经放电开关管放电,暂态结束,恢复稳态,为下个触发脉冲的来到作好准备。波形图如图 3-8-2(b)所示。

暂稳态的持续时间 t_w(即为延时时间)决定于外接元件 R、C 值的大小。

$$t_w = 1.1RC$$

通过改变 R、C 的大小,可使延时时间在几个微秒到几十分钟之间变化。当这种单稳态电路作为计时器时,可直接驱动小型继电器,并可以使用复位端(4 脚)接地的方法来中止暂态,重新计时。此外尚需用一个续流二极管与继电器线圈并接,以防继电器线圈反电势损坏内部功率管。

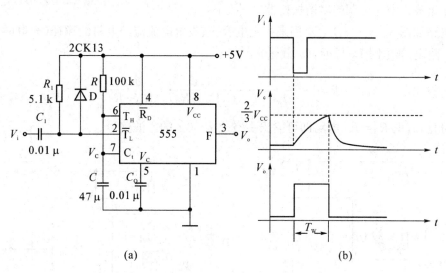

(a)　　　　　　　　　　(b)

图 3 - 8 - 2　单稳态触发器

②构成多谐振荡器

如图 3 - 8 - 3(a),由 555 定时器和外接元件 R_1、R_2、C 构成多谐振荡器,脚 2 与脚 6 直接相连。电路没有稳态,仅存在两个暂稳态,电路亦不需要外加触发信号,利用电源通过 R_1、R_2 向 C 充电,以及 C 通过 R_2 向放电端 C_t 放电,使电路产生振荡。电容 C 在 $\dfrac{1}{3}V_{CC}$ 和 $\dfrac{2}{3}V_{CC}$ 之间充电和放电,其波形如图 3 - 8 - 3(b)所示。输出信号的时间参数是

$$T = t_{w1} + t_{w2}, \quad t_{w1} = 0.7(R_1 + R_2)C, \quad t_{w2} = 0.7R_2C$$

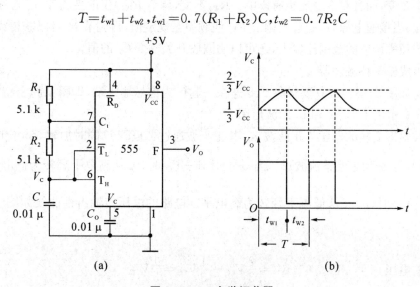

(a)　　　　　　　　　　(b)

图 3 - 8 - 3　多谐振荡器

555 电路要求 R_1 与 R_2 均应大于或等于 1 kΩ,但 R_1+R_2 应小于或等于 3.3 MΩ。

外部元件的稳定性决定了多谐振荡器的稳定性,555 定时器配以少量的元件即可获得较高精度的振荡频率和具有较强的功率输出能力。因此这种形式的多谐振荡器应用很广。

③组成占空比可调的多谐振荡器

电路如图 3-8-4,D_1、D_2 用来决定电容充、放电电流流经电阻的途径(充电时 D_1 导通,D_2 截止;放电时 D_2 导通,D_1 截止)。

占空比
$$P=\frac{t_{w1}}{t_{w1}+t_{w2}}\approx\frac{0.7R_AC}{0.7C(R_A+R_B)}=\frac{R_A}{R_A+R_B}$$

可见,若取 $R_A=R_B$ 电路即可输出占空比为 50% 的方波信号。

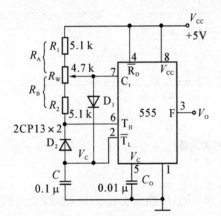

图 3-8-4　占空比可调的多谐振荡器

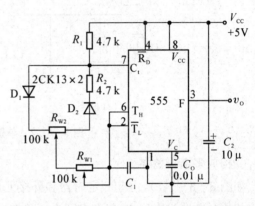

图 3-8-5　占空比与频率均可调的多谐振荡器

电路如图 3-8-5 所示。对 C_1 充电时,充电电流通过 R_1、D_1、R_{w2} 和 R_{w1};放电时通过 R_{w1}、R_{w2}、D_2、R_2。当 $R_1=R_2$,R_{w2} 调至中心点,因充放电时间基本相等,其占空比约为 50%,此时调节 R_{w1} 仅改变频率,占空比不变。如 R_{w2} 调至偏离中心点,再调节 R_{w1},不仅振荡频率改变,而且对占空比也有影响。R_{w1} 不变,调节 R_{w2},仅改变占空比,对频率无影响。因此,当接通电源后,应首先调节 R_{w1} 使频率至规定值,再调节 R_{w2},以获得需要的占空比。若频率调节的范围比较大,还可以用波段开关改变 C_1 的值。

④组成施密特触发器

电路如图 3-8-6,只要将脚 2、6 连在一起作为信号输入端,即得到施密特触发器。图 3-8-7 示出了 v_s、v_i 和 v_o 的波形图。

设被整形变换的电压为正弦波 v_s,其正半波通过二极管 D 同时加到 555 定时器的 2 脚和 6 脚,得 v_i 为半波整流波形。当 v_i 上升到 $\frac{2}{3}V_{CC}$ 时,v_o 从高电平翻转为低电平;当 v_i 下降到 $\frac{1}{3}V_{CC}$ 时,v_o 又从低电平翻转为高电平。电路的电压传输特性曲线如图 3-8-8 所示。

回差电压
$$\Delta V=\frac{2}{3}V_{CC}-\frac{1}{3}V_{CC}=\frac{1}{3}V_{CC}$$

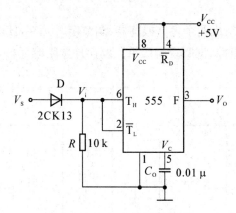

图 3‐8‐6　施密特触发器

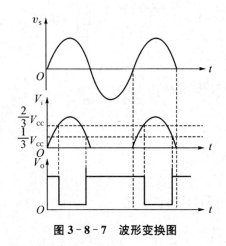

图 3‐8‐7　波形变换图

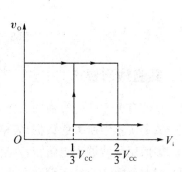

图 3‐8‐8　电压传输特性

四、实验内容

（1）单稳态触发器

①按图 3‐8‐2 连线，取 $R=100\ \text{k}$，$C=47\ \mu\text{F}$，输入信号 v_i 由单次脉冲源提供，用双踪示波器观测 v_i、v_c、v_o 波形。测定幅度与暂稳时间。

②将 R 改为 $1\ \text{k}$，C 改为 $0.1\ \mu\text{F}$，输入端加 $1\ \text{kHz}$ 的连续脉冲，观测波形 v_i、v_c、v_o，测定幅度及暂稳时间。

（2）多谐振荡器

①按图 3‐8‐3 接线，用双踪示波器观测 v_c 与 v_o 的波形，测定频率。

②按图 3‐8‐4 接线，组成占空比为 50% 的方波信号发生器。观测 v_c、v_o 波形，测定波形参数。

③按图 3‐8‐5 接线，通过调节 R_{w1} 和 R_{w2} 来观测输出波形。

（3）施密特触发器

按图 3‐8‐6 接线，输入信号由音频信号源提供，预先调好 v_s 的频率为 $1\ \text{kHz}$，接通电源，逐渐加大 v_s 的幅度，观测输出波形，测绘电压传输特性，算出回差电压 ΔV。

（4）模拟声响电路

按图 3－8－9 接线，组成两个多谐振荡器，调节定时元件，使 I 输出较低频率，II 输出较高频率，连好线，接通电源，试听音响效果。调换外接阻容元件，再试听音响效果。

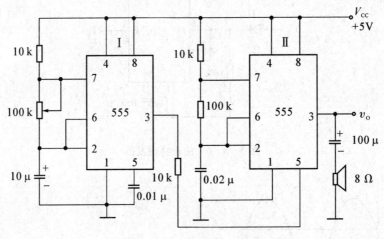

图 3－8－9　模拟声响电路

五、实验预习要求

（1）复习有关 555 定时器的工作原理及其应用。

（2）拟定实验中所需的数据、表格等。

（3）如何用示波器测定施密特触发器的电压传输特性曲线？

（4）拟定各次实验的步骤和方法。

六、实验报告

（1）绘出详细的实验线路图，定量绘出观测到的波形。

（2）分析、总结实验结果。

实验 9　智力竞赛抢答装置

一、实验目的

（1）学习数字电路中 D 触发器、分频电路、多谐振荡器、CP 时钟脉冲源等单元电路的综合运用。

（2）熟悉智力竞赛抢答器的工作原理。

（3）了解简单数字系统实验、调试及故障排除方法。

二、实验设备与器件

（1）+5 V 直流电源；

（2）逻辑电平开关；

（3）逻辑电平显示器；

（4）双踪示波器；

（5）数字频率计；

（6）直流数字电压表；

（7）74LS175、74LS20、74LS74、74LS00。

三、实验原理

图 3-9-1 为供四人用的智力竞赛抢答装置线路，用以判断抢答优先权。

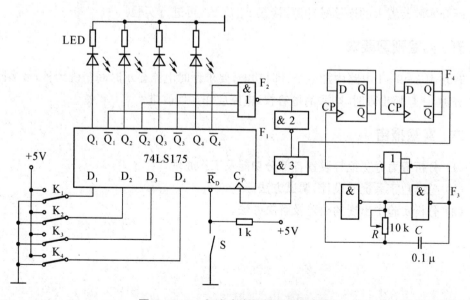

图 3-9-1　智力竞赛抢答装置原理图

图中 F_1 为四 D 触发器 74LS175，它具有公共置 0 端和公共 CP 端，引脚排列见附录；

F_2 为双四输入与非门 74LS20；F_3 是由 74LS00 组成的多谐振荡器；F_4 是由 74LS74 组成的四分频电路，F_3、F_4 组成抢答电路中的 CP 时钟脉冲源，抢答开始时，由主持人清除信号，按下复位开关 S，74LS175 的输出 $Q_1 \sim Q_4$ 全为 0，所有发光二极管 LED 均熄灭，当主持人宣布"抢答开始"后，首先作出判断的参赛者立即按下开关，对应的发光二极管点亮，同时，通过与非门 F_2 送出信号锁住其余三个抢答者的电路，不再接收其他信号，直到主持人再次清除信号为止。

四、实验内容

(1) 测试各触发器及各逻辑门的逻辑功能。

测试方法参照实验 2 有关内容，判断器件的好坏。

(2) 按图 3-9-1 接线，抢答器五个开关接实验装置上的逻辑开关、发光二极管接逻辑电平显示器。

(3) 断开抢答器电路中 CP 脉冲源电路，单独对多谐振荡器 F_3 及分频器 F_4 进行调试，调整多谐振荡器 10 k 电位器，使其输出脉冲频率约 4 kHz，观察 F_3 及 F_4 输出波形并测试其频率。

(4) 测试抢答器电路功能

接通 +5 V 电源，CP 端接实验装置上连续脉冲源，取重复频率约 1 kHz。

① 抢答开始前，开关 K_1、K_2、K_3、K_4 均置"0"，准备抢答，将开关 S 置"0"，发光二极管全熄灭，再将 S 置"1"。抢答开始，K_1、K_2、K_3、K_4 某一开关置"1"，观察发光二极管的亮、灭情况，然后，再将其他三个开关中任一个置"1"，观察发光二极管的亮、灭有否改变。

② 重复①的内容，改变 K_1、K_2、K_3、K_4 任一个开关状态，观察抢答器的工作情况。

③ 整体测试

断开实验装置上的连续脉冲源，接入 F_3 及 F_4，再进行实验。

五、实验预习要求

若在图 3-9-1 电路中加一个计时功能，要求计时电路显示时间精确到秒，最多限制为 2 分钟，一旦超出限时，则取消抢答权，电路应作如何改进？

六、实验报告

(1) 分析智力竞赛抢答装置各部分功能及工作原理。

(2) 总结数字系统的设计、调试方法。

(3) 分析实验中出现的故障及解决办法。

实验 10　D/A - A/D 转换器

一、实验目的

(1) 了解 D/A 和 A/D 转换器的基本结构和性能。
(2) 熟悉 D/A 和 A/D 转换器的典型应用。

二、实验设备与器材

(1) 电子学综合实验装置；
(2) 万用表；
(3) 双踪示波器；
(4) 集成运放 $\mu A741$、DAC0832、ADC0809 等。

三、实验原理

在很多数字电子技术应用场合往往需要把模拟量转换成数字量，或把数字量转成模拟量，完成这一转换功能的转换器有多种型号，使用者借助于手册提供的器件性能指标及典型应用电路，可正确使用这些器件。本实验采用大规模集成电路 DAC0832 实现 D/A(数/模)转换，ADC0809 实现 A/D(模/数)转换。

(1) D/A 转换器 DAC0832

DAC0832 是采用 CMOS 工艺制成的电流输出型 8 位数/模转换器，引脚排列如图 3 - 10 - 1 所示，各引脚含义为：

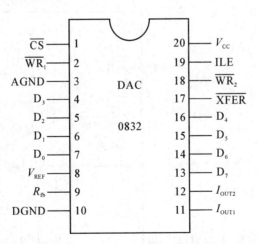

图 3 - 10 - 1　DAC0832 引脚图

$D_0 \sim D_7$：数字信号输入端，D_7——MSB，D_0——LSB。
ILE：输入寄存器允许，高电平有效。

CS:片选信号,低电平有效,与 ILE 信号合起来共同控制 $\overline{WR_1}$ 是否起作用。

$\overline{WR_1}$:写信号 1,低电平有效,用来将数据总数的数据输入锁存于 8 位输入寄存器中, $\overline{WR_1}$ 有效时,必须使 $\overline{CS}$ 和 ILE 同时有效。

$\overline{XFER}$:传送控制信号,低电平有效,用来控制 $\overline{WR_2}$ 是否起作用。

$\overline{WR_2}$:写信号 2,低电平有效,用来将锁存于 8 位输入寄存器中的数字传送到 8 位 D/A 寄存器锁存起来,此时 XFER 应有效。

I_{OUT1}:D/A 输出电流 1,当输入数字量全为 1 时,电流值最大。

I_{OUT2}:D/A 输出电流 2。

R_{fb}:反馈电阻。

DAC0832 为电流输出型芯片,可外接运算放大器,将电流输出转换成电压输出,电阻 R_{fb} 是集成在内的运算放大器的反馈电阻,并将其一端引出片外,为在片外连接运算放大器提供方便。当 R_{fb} 的引出端(脚 9)直接与运算放大器的输出端相连接,如图 3-10-2 所示,而不另外串联电阻时,则输出电压如下所示。

$$V_o = \frac{V_{REF}}{2^n} \sum_{i=0}^{n-1} d_i 2^i$$

V_{REF}:基准电压,通过它将外加高精度的电压源接至 T 型电压网络,电压范围为 $(-10 \sim +10)$V,也可以直接通向其他 D/A 转换器的电压输出端。

V_{CC}:电源,电压范围 $(+5 \sim +15)$V。

AGND:模拟地。

DGND:数字地。

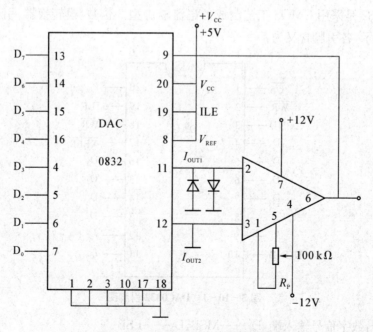

图 3-10-2 DAC0832 外部连接图

（2）A/D 转换器 ADC0809

ADC0809 是采用 CMOS 工艺制成的 8 位逐次渐近型模/数转换器,引脚排列如图 3－10－3 所示。各引脚含义为:

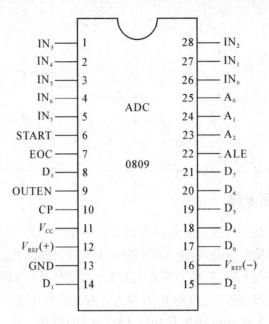

图 3－10－3　ADC0809 引脚图

$IN_0 \sim IN_7$:8 路模拟量输入端。

A_2、A_1、A_0:地址输入端。

ALE:地址锁存允许输入信号,应在此脚施加正脉冲,上升沿有效,此时锁存地址码,从而选通相应的模拟信号通道,以便进行 A/D 转换。

START:启动信号输入端,应在此脚施加正脉冲,当上升沿到达时,内部逐次逼近寄存器 START 复位,在下降沿到达后,开始 A/D 转换过程。

EOC:转换结束输出信号(转换结束标志),高电平有效,转换在进行中 EOC 为低电平,转换结束 EOC 自动变为高电平,标志 A/D 转换已结束。

OUTEN(OE):输入允许信号,高电平有效,即 OE=1 时,将输出寄存器中数据放到数据总线上。

CP:时钟信号输入端,外接时钟脉冲,时钟频率一般为 640 kHz。

$V_{REF}(+)$、$V_{REF}(-)$:基准电压的正极和负极。一般 $V_{REF}(+)$ 接 +5 V 电源,V_{REF} (−)接地。

$D_7 \sim D_0$:数字信号输出端 D_7——MSB、D_0——LSB。

ADC0809 通过引脚 $IN_0 \sim IN_7$ 输入 8 路单边模拟输入电压,ALE 将 3 位地址线 A_2、A_1、A_0 进行锁存,然后由译码电路选通 8 路中某一路进行 A/D 转换,地址译码与输入选通关系如表 3－10－1 所示。

表 3-10-1　ADC0809 地址译码与输入选通关系

被选模拟通道	地址		
	A_2	A_1	A_0
IN_0	0	0	0
IN_1	0	0	1
IN_2	0	1	0
IN_3	0	1	1
IN_4	1	0	0
IN_5	1	0	0
IN_6	1	1	0
IN_7	1	1	1

四、实验内容和步骤

(1) 用 DAC0832 及运算放大器 μA741 组成 D/A 转换电路

按图 3-10-2 连接实验电路,输入数字量由逻辑开关提供,输出模拟量用数字电压表测量。片选信号 $\overline{CS}$(脚 1)、写信号 $\overline{WR_1}$(脚 2)、写信号 $\overline{WR_2}$(脚 18)、传送控制信号 $\overline{XFER}$(脚 17)接地;基准电压 V_{REF}(脚 8)及输入寄存器允许 ILE(脚 19)接+5 V 电源;I_{OUT2}(脚 12)接运算放大器 μA741 的反相输入端 2 及同相输入端 3;R_{fb}(脚 9)通过电阻(或不通过)接运算放大器输出端 6。

① 调零。$D_0 \sim D_7$ 全置 0,调节电位器 R_P 使 μA741 输出为零。

② 按表 3-10-2 输出数字量,测量相应的输出模拟信号 V_o,记入表中右方输出模拟电压处。

表 3-10-2　用 DAC0832 及运算放大器 μA741 组成 D/A 转换电路功能测试表

A/D转换	输入数字量								D/A转换
输入模拟量 V_i/V	输出数字量								输出模拟量 V_o/V
	D_7	D_6	D_5	D_4	D_3	D_2	D_1	D_0	
	0	0	0	0	0	0	0	0	
	0	0	0	0	0	0	0	1	
	0	0	0	0	0	0	1	0	
	0	0	0	0	0	1	0	0	
	0	0	0	0	1	0	0	0	
	0	0	0	1	0	0	0	0	
	0	0	1	0	0	0	0	0	
	0	1	0	0	0	0	0	0	
	1	0	0	0	0	0	0	0	
	1	1	1	1	1	1	1	1	

（2）A/D 转换器

按图 3-10-4 连接电路,输入模拟量接 0～+5 V 直流可调电源(自己设计),输出数字量接 0—1 指示器。

将三位地址线(脚 23、24、25)同时接地,因而选通模拟输入 IN₀(脚 26)通道进行 A/D 转换;时钟信号 CLOCK(脚 10)用 $f=1$ kHz 连续脉冲源;启动信号 START(脚 6)和地址锁存信号 ALE(脚 22)相连于 P 点,接单次脉冲;参考电压 $V_{REF}(+)$(脚 12)接 +5 V 电源,$V_{REF}(-)$(脚 16)接地;输出允许信号 OE(脚 9)固定接高电平。

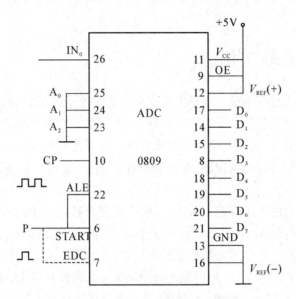

图 3-10-4　ADC0809 外部连接图

①测试脚 6(START)、脚 22(ALE)、脚 7(EOC)的功能

测试脚 6、脚 7 连接于 P 点,接单次脉冲源,调节输入模拟量为某值,按一下 P 端单脉冲源按钮,相应的输出数字量便由 0—1 指示器显示出来,来完成一次 A/D 转换。

断开 P 点与单脉冲源间连线,将 ALE、START 与 EOC 端连接在一起,如图 3-10-4 中虚线所示,则电路处于自动状态,观察 A/D 转换器的工作情况。

②令电路片于自动转换状态

调节输入模拟量 V_i,记入表 3-10-2 的左方输入模拟电压处。

五、实验报告要求

（1）画出实验电路,整理实验数据,画出实验波形图。

（2）写出所设计的 D/A-A/D 转换器的工作原理及工作过程。

（3）将实验值与理论值比较,分析误差产生的原因。

第4篇 电子技术实训

1 电子产品焊接与装配

1.1 焊接基础知识

焊接在电子产品装配中是一项重要的技术。它在电子产品实验、调试、生产中,应用非常广泛,而且工作量相当大,焊接质量的好坏,将直接影响着产品的质量。电子产品的故障除元器件的原因外,大多数是由于焊接质量不佳而造成的,因此,掌握熟练的焊接操作技能非常必要。焊接的种类很多,本章主要阐述应用广泛的手工锡焊技术。

(1) 电烙铁

电烙铁是最常用的手工焊接工具之一,被广泛用于各种电子产品的生产与维修。电烙铁的种类较多,常见的电烙铁有内热式、外热式、恒温式、吸锡式等形式。

①内热式电烙铁　内热式电烙铁主要由发热元件、烙铁头、连接杆以及手柄等组成,它具有发热快、体积小、重量轻、效率高等特点,因而得到普遍应用。常用的内热式电烙铁的规格有 20 W、35 W、50 W 等,20 W 烙铁头的温度可达 350 ℃左右。电烙铁的功率越大,烙铁头的温度就越高。焊接集成电路、一般小型元器件选用 20 W 内热式电烙铁即可。使用的电烙铁功率过大,容易烫坏元件(二极管和三极管等半导体元器件当温度超过 200 ℃就会烧毁)并使印制板上的铜箔线脱落;电烙铁的功率太小,不能使被焊接物充分加热而导致焊点不光滑、不牢固,易产生虚焊。

②外热式电烙铁　外热式电烙铁由烙铁心、烙铁头、手柄等组成。烙铁芯由电热丝绕在薄云母片和绝缘筒上制成。外热式电烙铁常用的规格有 25 W、45 W、75 W、100 W 等,当被焊接物较大时常使用外热式电烙铁。它的烙铁头可以被加工成各种形状以适应不同焊接面的需要。

③恒温电烙铁　恒温电烙铁是用电烙铁内部的磁控开关来控制烙铁的加热电路,使烙铁头保持恒温。磁控开关的软磁铁被加热到一定的温度时,便失去磁性,使触点断开,切断电源。恒温烙铁也有用热敏元件来测温以控制加热电路使烙铁头保持恒温的。

④吸锡烙铁　吸锡烙铁是拆除焊件的专用工具,可将焊接点上的焊锡吸除,使元件的引脚与焊盘分离。操作时,先将烙铁加热,再将烙铁头放到焊点上,待熔化焊接点上的焊锡后,按动吸锡开关,即可将焊点上的焊锡吸掉,有时这个步骤要进行几次才行。

(2) 电烙铁的选用

由前述可知,电烙铁的种类及规格有很多种,而且被焊工件的大小又有所不同,因而合理地选用电烙铁的功率及种类,对提高焊接质量和效率有直接的关系。如果被焊件较大,使用的电烙铁功率较小则焊接温度过低,焊料熔化较慢,焊剂不能挥发,焊点不光滑、不牢固,这样势必造成焊接强度以及质量的不合格,甚至焊料不能熔化,使焊接无法进行。如果电烙铁的功率太大则使过多的热量传递到被焊工件上面,使元器件的焊点过热,造成元器件的损坏,致使印刷电路板的铜箔脱落,焊料在焊接面上流动过快,并无法控制。

选用电烙铁时,可以从以下几个方面进行考虑。焊接集成电路、晶体管及受热易损元器件时,应选用 20 W 内热式或 25 W 的外热式电烙铁。焊接导线及同轴电缆时,应先用 45~75 W 外热式电烙铁,或 50 W 内热式电烙铁。焊接较大的元器件时,如行输出变压器的引线脚、大电解电容器的引线脚,金属底盘接地焊片等,应选用 100 W 以上的电烙铁。

电烙铁使用前应先用万用表检查烙铁的电源线有无短路和开路,烙铁是否漏电。电源线的装接是否牢固,螺丝是否松动,在手柄上的电源线是否被螺丝顶紧,电源线的套管有无破损等。

(3) 电烙铁使用的注意事项

①烙铁头初次通电升温时,应先浸上松香,再把焊锡均匀熔化在烙铁头上,即进行上锡。

②电烙铁内的加热芯在加热状态下应避免震动,使用时应轻拿轻放,不能用来敲击。

③使用电烙铁时应握持其手柄部位,常用的握持方法有三种:

a. 握笔型:此法适用于小功率的电烙铁,焊接散热量小的被焊件,如焊接收音机、电视机的印刷电路板及其维修。

b. 反握型:就是手心朝上握住手柄,此法适用于大功率电烙铁,焊接散热量较大的被焊件。这种握法需要一段时间才能适应,但是动作稳定,不易疲劳。

c. 正握型:就是手心朝下握住手柄,此法使用的电烙铁也比较大,且多为弯形烙铁头,使用弯把烙铁时一般用此种握法。

④电烙铁金属管的温度很高,一般大于 200 ℃,因此千万不可用手触摸。

⑤停止使用时,应拔出电源插头。

⑥电烙铁头要经常保持清洁,间隔一定的时间应将烙铁头取出,倒去氧化物,重新插入拧紧,防止烙铁头与加热芯烧结在一起。

⑦不可将烙铁头上多余的锡乱甩,而应注意左右他人安全。

⑧烙铁头应经常保持清洁,可以沾一些松香清洁,也可用耐高温的湿海绵擦除烙铁头上的脏物。

(4) 焊接方法

①右手持电烙铁。左手用尖嘴钳或镊子夹持元件或导线。焊接前,电烙铁要充分预热。烙铁头刃面上要吃锡,即带上一定量焊锡。

②将烙铁头刃面紧贴在焊点处。电烙铁与水平面大约成 60°角。以便于熔化的锡从烙铁头上流到焊点上。烙铁头在焊点处停留的时间控制在 2~3 秒。

③抬开烙铁头。左手仍持元件不动。待焊点处的锡冷却凝固后,才可松开左手。

④用镊子转动引线,确认不松动,然后可用偏口钳剪去多余的引线。

（5）焊枪手焊过程及要点

①以清洁无锈的铬铁头与焊丝，同时接触到待焊位置，使熔锡能迅速出现附着与填充作用，之后需将烙铁头多余的锡珠锡碎等，采用水湿的海绵予以清除。

②熔入适量的锡丝焊料并使之均匀分散，且不宜太多。其中之助焊剂可供提清洁与传热的双重作用。

③烙铁头须连续接触焊位，以提供足够的热量，直到焊锡已均匀散布为止。

④完工后，移走焊枪时要小心，避免不当动作造成固化前焊点的扰动，进而对焊点之强度产生损伤。

⑤使用恒温电烙铁一定要注意根据焊接元件的不同，适当调节电烙铁的温度。

（6）焊接质量

焊接时，要保证每个焊点焊接牢固、接触良好，要保证焊接质量。所有焊点应是锡点光亮，圆滑而无毛刺，锡量适中。锡和被焊物融合牢固。不应有虚焊和假焊。虚焊是焊点处只有少量锡焊住，造成接触不良，时通时断。假焊是指表面上好像焊住了，但实际上并没有焊上，有时用手一拔，引线就可以从焊点中拔出。这两种情况将给电子制作的调试和检修带来极大的困难。只有经过大量的、认真的焊接实践，才能避免这两种情况。焊接电路板时，一定要控制好时间。焊接太长，电路板将被烧焦，或造成铜箔脱落。从电路板上拆卸元件时，可将电烙铁头贴在焊点上，待焊点上的锡熔化后，将元件拔出。

（7）焊接时的注意事项

①烙铁的温度要适当　可将烙铁头放到松香上去检验，一般以松香熔化较快又不冒大烟的温度为适宜。

②焊接的时间要适当　从加热焊料到焊料熔化并流满焊接点，一般应在 3 秒之内完成。若时间过长，助焊剂完全挥发，就失去了助焊的作用，会造成焊点表面粗糙，且易使焊点氧化。但焊接时间也不宜过短，时间过短则达不到焊接所需的温度，焊料不能充分熔化，易造成虚焊。

③焊料与焊剂的使用要适量　若使用焊料过多，则多余的会流入管座的底部，降低管脚之间的绝缘性；若使用的焊剂过多，则易在管脚周围形成绝缘层，造成管脚与管座之间的接触不良。反之，焊料和焊剂过少易造成虚焊。

④焊接过程中不要触动焊接点　在焊接点上的焊料未完全冷却凝固时，不应移动被焊元件及导线，否则焊点易变形，也可能导致虚焊现象。焊接过程中也要注意不要烫伤周围的元器件及导线。

1.2　电子产品的装配工艺

电子产品的内涵极为广泛，既包括电子材料、电子元器件，又包括将它们按照既定的装配工艺程序、设计装配图和接线图，按一定的精度标准、技术要求、装配顺序安装在指定的位置上，再用导线把电路的各部分相互连接起来，组成具有独立性能的整体。一台完善、优质、使用可靠的电子产品（整机），除了要有先进的线路设计、合理的结构设计、采用优质可靠的电子元器件及材料之外，如何制定合理、正确、先进的装配工艺，及操作人员根据预定的装配程序,认真细致地完成装配工作都是非常重要的。

（1）装配的基本要求

不同的产品,不同的生产规模对组装的技术要求是各不相同的,但基本要求是相同的。

①安全使用　电子产品组装,安全是首要大事。不良的装配不仅影响产品性能,而且造成安全隐患。

②不损伤产品零部件　组装时由于操作不当,不仅可能损坏所安装的零件,而且还会殃及相邻零部件。例如装瓷质波段开关时,紧固力过大造成开关变形失效;面板上装螺钉时,螺丝刀滑出擦伤面板;集成电路折弯管脚等。

③保证电气性能　电器连接的导通与绝缘,接触电阻和绝缘电阻都和产品性能、质量紧密相关。假如某设备电源输出线,安装者未按规定将导线绞合镀锡而直接装上,从而导致一部分芯线散出,通电检验和初期工作都正常,但由于局部电阻大而发热,工作一段时间后,导线及螺钉氧化,进而接触电阻增大,结果造成设备不能正常工作。

④保证机械强度　产品组装中要考虑到有些零部件在运输、搬动中受机械振动作用而受损的情况。例如一只安装在印制板上的带散热片的三极管,仅靠印制板上焊点难以支持较重散热片的作用力。又如,变压器靠自攻螺钉固定在塑料壳上也难保证机械强度。

⑤保证传热、电磁屏蔽要求　某些零部件安装时必须考虑传热或电磁屏蔽的问题。如在功率管上装散热片,由于紧固螺钉不当,造成功率管与散热片贴合不良,影响散热。又如金属屏蔽盒,由于有接缝,降低了屏蔽效果。如果安装时在接缝中衬上导电衬垫,就可保证屏蔽性能。

（2）装配前的准备工作

①技术准备工作　技术准备工作主要是指阅读、了解产品的图纸资料和工艺文件,熟悉部件、整机的设计图纸、技术条件及工艺要求等。

②生产准备工作

a. 工具、夹具和量具的准备。

b. 根据工艺文件中的明细表,备好全部材料、零部件和各种辅助用料。

③元器件引线加工成型　元器件在印刷板上的排列和安装方式有两种,一种是立式,另一种是卧式。元器件引线弯成的形状是根据焊盘孔的距离及装配上的不同而加工成型。加工时,注意不要将引线齐跟弯折,并用工具保护引线的根部,以免损坏元器件。成型后的元器件,在焊接时,尽量保持其排列整齐,同类元件要保持高度一致。各元器件的符号标志向上(卧式)或向外(立式),以便于检查。

④镀锡　元器件引线一般都镀有一层薄的钎料,但时间一长,引线表面产生一层氧化膜,影响焊接。所以,除少数有良好银、金镀层的引线外,大部分元器件在焊接前都要重新镀锡。镀锡,实际上就是锡焊的核心——液态焊锡对被焊金属表面浸润,形成一层既不同于被焊金属又不同于焊锡的结合层。这一结合层将焊锡同待焊金属这两种性能、成分都不相同的材料牢固连接起来。而实际的焊接工作只不过是用焊锡浸润待焊零件的结合处,熔化焊锡并重新凝结的过程。不良的镀层,未形成结合层,只是焊件表面"粘

了一层焊锡,这种镀层,很容易脱落。镀锡要点:待镀面应清洁。有人以为反正锡焊时要用焊剂,不注意表面清洁。实际上焊元器件、焊片、导线等都可能在加工、存储的过程中带有不同的污物,轻则用酒精或丙酮擦洗,严重的腐蚀性污点只有用机械办法去除,包括刀刮或砂纸打磨,直到露出光亮金属为止。

⑤检查印刷电路板　印制电路板在焊接之前要仔细检查,看其有无断路、短路、孔金属化不良以及是否涂有助焊剂或阻焊剂等。

⑥检测元器件　装配前要对所用的元器件,用万用表进行检测。电阻的阻值是否和标注的一样,电容的好坏,二极管和三极管的 PN 结,电感线圈、中周、变压器和天线线圈等是否有短路或开路。要确保所用的元器件完好无损。

（3）印制电路板的焊接

印制电路板在焊接之前要仔细检查,看其有无断路、短路、孔金属化不良以及是否涂有助焊剂或阻焊剂等。大批量生产印制板,出厂前,必须按检查标准与项目进行严格检测,只有这样,其质量才能保证。但是,一般研制品或非正规投产的少量印制板,焊前必须仔细检查,否则在整机调试中,会带来很大麻烦的。

焊接前,将印制板上所有的元器件作好焊前准备工作(整形、镀锡)。焊接时,一般工序应先焊较低的元件,后焊较高的和要求比较高的元件等。次序是:电阻→电容→二极管→三极管→其他元件等。但根据印制板上的元器件特点,有时也可先焊高的元件后焊低的元件(如晶体管收音机),使所有元器件的高度不超过最高元件的高度,保证焊好元件的印制电路板元器件比较整齐,并占有最小的空间位置。不论哪种焊接工序,印制板上的元器件都要排列整齐,同类元器件要保持高度一致。晶体管装焊一般在其他元件焊好后进行,要特别注意的是每个管子的焊接时间不要超过 5～10 s,并使用钳子或镊子夹持管脚散热,防止烫坏管子。涂过焊油或氯化锌的焊点,要用酒精擦洗干净,以免腐蚀,用松香作助焊剂的,需清理干净。焊接结束后,须检查有无漏焊、虚焊现象。检查时,可用镊子将每个元件脚轻轻提一提,看是否摇动,若发现摇动,应重新焊好。

（4）集成电路的焊接

MOS 电路特别是绝缘栅型,由于输入阻抗很高,稍不慎即可能使内部击穿而失效。双极型集成电路不像 MOS 集成电路那样娇气,但由于内部集成度高,通常管子隔离层都很薄,一旦受到过量的热也容易损坏。无论哪种电路,都不能承受高于 200 ℃的温度,因此,焊接时必须非常小心。集成电路的安装焊接有两种方式:一种是将集成块直接与印制板焊接;另一种是通过专用插座(IC 插座)在印制板上焊接,然后将集成块直接插入 IC 插座上。在焊接集成电路时,应注意下列事项:

①集成电路引线如果是镀金银处理的,不要用刀刮,只需用酒精擦洗或绘图橡皮擦干净就可以了。

②对 CMOS 电路,如果事先已将各引线短路,焊前不要拿掉短路线。

③焊接时间在保证浸润的前提下,尽可能短,每个焊点最好用 3 s 时间焊好,最多不超过 4 s,连续焊接时间不要超过 10 s。

④使用烙铁最好是 20 W 内热式,接地线应保证接触良好。若用外热式,最好采用烙铁断电用余热焊接,必要时还要采取人体接地的措施。

⑤使用低熔点焊剂,一般不要高于 150 ℃。

⑥工作台上如果铺有橡皮、塑料等易于积累静电的材料,电路片子及印制板等不宜放在台面上。

⑦集成电路若不使用插座,直接焊到印制板上,安全焊接顺序为:地端→输出端→电源端→输入端。

⑧焊接集成电路插座时,必须按集成块的引线排列图焊好每一个点。

(5)导线焊接技术

导线同接线端子、导线同导线之间的焊接有三种基本形式:绕焊、钩焊、搭焊。

①导线同接线端子的焊接

a. 绕焊 把经过镀锡的导线端头在接线端子上缠一圈,用钳子拉紧缠牢后进行焊接。注意导线一定要紧贴端子表面,绝缘层不接触端子,一般 $L=(1\sim3)$ mm 为宜。这种连接可靠性最好。

b. 钩焊 将导线端子弯成钩形,钩在接线端子上并用钳子夹紧后施焊,端头处理与绕焊相同。这种方法强度低于绕焊,但操作简便。

c. 搭焊 把经过镀锡的导线搭到接线端子上施焊,这种连接最方便,但强度可靠性最差,仅用于临时连接或不便于缠、钩的地方以及某些接插件上。

②导线与导线的焊接 导线之间的焊接以绕焊为主,操作步骤如下:

a. 去掉一定长度绝缘皮。

b. 端头上锡,并穿上合适套管。

c. 绞合,施焊。

d. 趁热套上套管,冷却后套管固定在接头处。

对调试或维修中的临时线,也可采用搭焊的办法。只是这种接头强度和可靠性都较差,不能用于生产中的导线焊接。

③扎线把 扎线把的要求如下:

a. 节距要均匀,一般节距为 8~10 mm。尼龙丝打结处应放在走线的下面。

b. 导线排列要整齐、清晰。从始端一直到终端的导线要扎在上面,中间出线一般要从下面或两侧面引出,走线最短的放最下边,不许从表面引出。

c. 尼龙丝的松紧度要适当,不要太松或太紧。

d. 导线要平直,导线拐弯处要弯好后再扎线。

(6)整机装配

电子产品整机装配的内容包括电气装配和机械装配两部分。电气装配部分包括元器件布局,元器件、连接线安装前的处理,各元器件的安装、焊接、单元装配,连接线的布置与固定等。机械装配部分包括机箱和面板的加工,各元器件固定支架的安装,各种机械连接和面板控制元器件的安装,以及面板上必要的文字的喷涂和图标的粘贴等。整机装配操作的基本要求:

①零件和部件应清洗干净,妥善保管待用。

②备用的元器件、导线、电缆及其他加工件,应满足装配时的要求。例如,元器件引出线校直、弯脚等。

③采用螺钉连接、铆接等机械装配的工作应按质按量完成好,防止松动。

④采用锡焊方法安装电气元器件时,应将已备好的元器件、引线及其他部件焊接在安装底板所规定的位置上,然后清除一切多余的杂物和污物。

1.3 电子产品的调试

(1) 调试的准备

①素质准备 对调试人员知识能力和素质准备的基本要求:

a. 明确电路调试的目的和要求达到的技术性能指标。

b. 能够掌握正确的使用方法和测试方法,熟练使用测量仪器和测试设备。

c. 掌握一定的调整和测试电子电路的调试方法。

d. 能够运用电子电路的基础理论分析处理测试数据和排除调试中的故障。

e. 能够在调试完毕后写出调试总结并提出改进意见。

②手段准备

a. 准备技术文件:主要是指做好技术文件、工艺文件和质量管理文件的准备,如电路(原理)图、方框图、装配图、印制电路板图、印制电路板装配图、零件图、调试工艺(参数表和程序)和质检程序与标准等文件的准备。要求掌握上述各技术文件的内容,了解电路的基本工作原理、主要技术性能指标、各参数的调试方法和步骤等。

b. 准备测试设备:要准备好测量仪器和测试设备,检查是否处于良好的工作状态,是否有定期标定的合格证,检查测量仪器和测试设备的功能选择开关、量程挡位是否处于正确的位置,尤其要注意测量仪器和测试设备的精度是否符合技术文件规定的要求,能否满足测试精度的需要。

③检查被调试电路 调试前要检查被调试电路是否按电路设计要求正确安装连接,有无虚焊、脱焊、漏焊等现象,检查元器件的好坏及其性能指标,检查被调试设备的功能选择开关、量程挡位和其他面板元器件是否安装在正确的位置。经检查无误后方可按调试操作程序进行通电调试。对被调试电路的检查具体分为以下几点:

a. 连线是否正确 检查电路连线是否正确,包括错线、少线和多线。查线的方法通常有两种。一是按照电路图检查安装的线路,这种方法的特点是根据电路图连线,按一定顺序逐一检查安装好的线路。由此,可比较容易查出错线和少线。二是按照实际线路来对照原理电路进行查线,这是一种以元件为中心进行查线的方法。把每个元件(包括器件)引脚的连线一次查清,检查每个引脚的去处在电路图上是否存在,这种方法不但可以查出错线和少线,还容易查出多线。为了防止出错,对于已查过的线通常应在电路图上做出标记,最好用指针式万用表"Ω×1"挡,或数字式万用表"Ω挡"的蜂鸣器来测量,而且直接测量元、器件引脚,这样可以同时发现接触不良的地方。

b. 检查元器件安装情况 检查元器件引脚之间有无短路,连接处有无接触不良,二极管、三极管、集成电路和电解电容极性等是否连接有误。

c. 电源供电(包括极性)、信号源连线是否正确 检查直流极性是否正确,信号线是否连接正确。

　　d. 电源端对地(⊥)是否存在短路　在通电前,断开一根电源线,用万用表检查电源端对地(⊥)是否存在短路。检查直流稳压电源对地是否短路。若电路经过上述检查,并确认无误后,就可转入调试。

(2) 调试方法

调试包括测试和调整两个方面。所谓电子电路的调试,是以达到电路设计指标为目的而进行的一系列的"测量—判断—调整—再测量"的反复进行过程。为了使调试顺利进行,设计的电路图上应当标明各点的电位值,相应的波形图以及其他主要数据。调试方法通常采用先分调后联调(总调)。我们知道,任何复杂电路都是由一些基本单元电路组成的,因此,调试时可以循着信号的流程,逐级调整各单元电路,使其参数基本符合设计指标。这种调试方法的核心是,把组成电路的各功能块(或基本单元电路)先调试好,并在此基础上逐步扩大调试范围,最后完成整机调试。采用先分调后联调的优点是能及时发现问题和解决问题。新设计的电路一般采用此方法。对于包括模拟电路、数字电路和微机系统的电子装置,更应采用这种方法进行调试。因为只有把三部分分开调试,分别达到设计指标,并经过信号及电平转换电路后才能实现整机联调。否则,由于各电路要求的输入、输出电压和波形不符合要求,盲目进行联调,就可能造成大量的器件损坏。除了上述方法外,对于已定型的产品和需要相互配合才能运行的产品也可采用一次性调试。按照上述调试电路原则,具体调试步骤如下。

①通电观察　把经过准确测量的电源接入电路,观察有无异常现象,包括有无冒烟,是否有异常气味,手摸元器件是否发烫,电源是否有短路现象等。如果出现异常,应立即切断电源,待排除故障后才能再通电。然后测量各路总电源电压和各器件的引脚的电源电压,以保证元器件正常工作。通过通电观察,认为电路初步工作正常,就可转入正常调试。在这里,需要指出的是,一般实验室中使用的稳压电源是一台仪器,它不仅有一个"+"端,一个"−"端,还有一个"地"接在机壳上,当电源与实验板连接时,为了能形成一个完整的屏蔽系统,实验板的"地"一般要与电源的"地"连起来,而实验板上用的电源可能是正电压,也可能是负电压,还可能正、负电压都有,所以电源是"+"端接"地"还是"−"端接"地",使用时应先考虑清楚。如果要求电路浮地,则电源的"+"与"−"端都不与机壳相连。另外,应注意一般电源在开与关的瞬间往往会出现瞬态电压上冲的现象,集成电路最怕过电压的冲击,所以一定要养成先开启电源,后接电路的习惯,在实验中途也不要随意将电源关掉。

②静态调试　交流、直流并存是电子电路工作的一个重要特点。一般情况下,直流为交流服务,直流是电路工作的基础。因此,电子电路的调试有静态调试和动态调试之分。静态调试一般是指在没有外加信号的条件下所进行的直流测试和调整过程。例如,通过静态测试模拟电路的静态工作点、数字电路的各输入端和输出端的高、低电平值及逻辑关系等,可以及时发现已经损坏的元器件,判断电路工作情况,并及时调整电路参数,使电路工作状态符合设计要求。对于运算放大器,静态检查除测量正、负电源是否接上外,主要检查在输入为零时,输出端是否接近零电位,调零电路起不起作用。当运放输出直流电位始终接近正电源电压值或负电源电压值时,说明运放处于阻塞状态,可能是外电路没有接好,也可能是运放已经损坏。如果通过调零电位器不能使输出为零,除了

运放内部对称性差外,也可能运放处于振荡状态,所以实验板直流工作状态的调试,最好接上示波器进行监视。

③动态调试　动态调试是在静态调试的基础上进行的。调试的方法是在电路的输入端接入适当频率和幅值的信号,并循着信号的流向逐级检测各有关点的波形、参数和性能指标。调试的关键是善于对实测的数据、波形和现象进行分析和判断。这需要具备一定的理论知识和调试经验。发现电路中存在的问题和异常现象,应采取不同的方法缩小故障范围,最后设法排除故障。因为电子电路的各项指标互相影响,在调试某一项指标时往往会影响另一项指标。实际情况错综复杂,出现的问题多种多样,处理的方法也是灵活多变的。动态调试时,必须全面考虑各项指标的相互影响,要用示波器监视输出波形,确保在不失真的情况下进行调试。作为"放大"用的电路,要求其输出电压必须如实地反映输入电压的变化,即输出波形不能失真。常见的失真现象:一是晶体管本身的非线性特性引起的固有失真,仅用改变电路元件参数的方式很难克服;二是由电路元件参数选择不当使工作点不合适,或由于信号过大引起的失真,如饱和失真、截止失真、饱和兼有截止的失真。测试过程中不能凭感觉和印象,要始终借助仪器观察。使用示波器时,最好把示波器的信号输入方式置于"DC"挡,通过直流耦合方式,可同时观察被测信号的交、直流成分。通过调试,最后检查功能块和整机的各项指标(如信号的幅值、波形形状、相位关系、增益、输入阻抗和输出阻抗等)是否满足设计要求,如必要,再进一步对电路参数提出合理的修正。

(3) 调试中的注意事项

调试结果是否正确,很大程度上受测量正确与否和测量精度的影响。为了保证调试的效果,必须减小测量误差,提高测量精度。为此,需注意以下几点。

①正确使用测量仪器的接地端。凡是使用低端接机壳的电子仪器进行测量,仪器的接地端应和放大器的接地端连接在一起,否则仪器机壳引入的干扰不仅会使放大器的工作状态发生变化,而且将使测量结果出现误差。根据这一原则,调试发射极偏置电路时,若需测量U_{CE},不应把仪器的两端直接接在集电极和发射极上,而应分别测出U_C、U_E,然后将二者相减得U_{CE}。若使用干电池供电的万用表进行测量,由于电表的两个输入端是浮动的,所以允许直接接到测量点之间。

②在信号比较弱的输入端,尽可能用屏蔽线连接。屏蔽线的外屏蔽层要接到公共地线上。在频率比较高时要设法隔离连接线分布电容的影响,例如用示波器测量时应该使用有探头的测量线,以减少分布电容的影响。

③测量电压所用仪器的输入阻抗必须远大于被测处的等效阻抗。因为,若测量仪器输入阻抗小,则在测量时会引起分流,给测量结果带来很大的误差。

④测量仪器的带宽必须大于被测电路的带宽。例如,MF-20 型万用表的工作频率为 20~20 000 Hz。如果放大器的 f_H=100 kHz,就不能用 MF-20 来测试放大器的幅频特性。否则,测试结果就不能反映放大器的真实情况。

⑤要正确选择测量点。用同一台测量仪进行测量时,测量点不同,仪器内阻引进的误差大小将不同。

⑥测量方法要方便可行。需要测量某电路的电流时,一般尽可能测电压而不测电

流,因为测电压不必改动被测电路,测量方便。若需知道某一支路的电流值,可以通过测取该支路上电阻两端的电压,经过换算而得到。

⑦调试过程中,不但要认真观察和测量,还要善于记录。记录的内容包括实验条件,观察的现象,测量的数据、波形和相位关系等。只有有了大量可靠的实验记录,并与理论结果加以比较,才能发现电路设计上的问题,完善设计方案。

⑧调试时出现故障,要认真查找故障原因。切不可一遇故障解决不了就拆掉线路重新安装。因为重新安装的线路仍可能存在各种问题,如果是原理上的问题,即使重新安装也解决不了问题。应当把查找故障并分析故障原因看成一次好的学习机会,通过它来不断提高自己分析问题和解决问题的能力。

1.4　整机故障检测

故障是我们不希望出现但又是不可避免的电路异常工作状况。分析、寻找和排除故障是电气工程人员必备的实际技能。对于一个复杂的系统来说,要在大量的元器件和线路中迅速、准确地找出故障是不容易的。一般故障诊断过程,就是从故障现象出发,通过反复测试,作出分析判断,逐步找出故障的过程。

(1)故障现象和产生故障的原因

常见的故障现象:

①放大电路没有输入信号,而有输出波形。

②放大电路有输入信号,但没有输出波形,或者波形异常。

③串联稳压电源无电压输出,或输出电压过高且不能调整,或输出稳压性能变坏、输出电压不稳定等。

④振荡电路不产生振荡。

⑤计数器输出波形不稳,或不能正确计数。

⑥音箱中出现"嗡嗡"交流声、"啪啪"的汽船声和炒豆声等。

⑦发射机中出现频率不稳,或输出功率小甚至无输出,或反射大,作用距离小等。

以上是最常见的一些故障现象,还有很多奇怪的现象,在这里就不一一列举了。

产生故障的原因:故障产生的原因很多,情况也很复杂,有的是一种原因引起的简单故障,有的是多种原因相互作用引起的复杂故障。因此,引起故障的原因很难简单分类。这里只能进行一些粗略的分析。

①对于定型产品使用一段时间后出现故障,故障原因可能是元器件损坏,连线发生短路或断路(如焊点虚焊,接插件接触不良,可变电阻器、电位器、半可变电阻等接触不良,接触面表面镀层氧化等),或使用条件发生变化(如电网电压波动,过冷或过热的工作环境等)影响电子设备的正常运行。

②对于新设计安装的电路来说,故障原因可能是:实际电路与设计的原理图不符;元件使用不当或损坏;设计的电路本身就存在某些严重缺点,不满足技术要求;连线发生短路或断路等。

③仪器使用不正确引起的故障,如示波器使用不正确而造成的波形异常或无波形,

共地问题处理不当而引入的干扰等。

④各种干扰引起的故障。

(2) 检查故障的一般方法

查找故障的顺序可以从输入到输出,也可以从输出到输入。总结有以下几种方法:

①直接观察法 直接观察法是指不用任何仪器,利用人的视、听、嗅、触等手段来发现问题,寻找和分析故障。直接观察包括不通电检查和通电观察。不通电观察:检查仪器的选用和使用是否正确;电源电压的数值和极性是否符合要求;电解电容的极性、二极管和三极管的管脚、集成电路的引脚有无错接、漏接、互碰等情况;布线是否合理;印制板有无断线;电阻电容有无烧焦和炸裂等。通电观察:观察元器件有无发烫、冒烟,变压器有无焦味,示波管灯丝是否亮,有无高压打火等。此法简单,也很有效,可作初步检查时用,但对比较隐蔽的故障无能为力。

②用万用表检查静态工作点 电子电路的供电系统、电子管或半导体三极管、集成块的直流工作状态(包括元器件引脚、电源电压)、线路中的电阻值等都可用万用表测定。当测得值与正常值相差较大时,经过分析可找到故障。顺便指出,静态工作点也可以用示波器"DC"输入方式测定。用示波器的优点是,内阻高,能同时看到直流工作状态和被测点上的信号波形,以及可能存在原干扰信号及噪声电压等,更有利于分析故障。

③信号寻迹法 对于各种较复杂的电路,可在输入端接入一个一定幅值、适当频率的信号(例如,对于多级放大器,可在其输入端接入 $f=1\ 000\ Hz$ 的正弦信号),用示波器由前级到后级(或者相反),逐级观察波形及幅值的变化情况,如哪一级异常,则故障就在该级。这是深入检查电路的方法。

④对比法 怀疑某一电路存在问题时,可将此电路的参数与工作状态和相同的正常电路中的参数(或理论分析的电流、电压、波形等)进行一一对比,从中找出电路中的不正常情况,进而分析故障原因,判断故障点。

⑤部件替换法 有时故障比较隐蔽,不能一眼看出,如这时你手中有与故障产品同型号的产品时,可以将工作正常产品中的部件、元器件、插件板等替换有故障产品中的相应部件,以便于缩小故障范围,进一步查找故障。

⑥旁路法 当有寄生振荡现象,可以利用适当容量的电容器,选择适当的检查点,将电容临时跨接在检查点与参考接地点之间,如果振荡消失,就表明振荡是产生在此附近或前级电路中。否则就在后面,再移动检查点寻找之。应该指出的是,旁路电容要适当,不宜过大,只要能较好地消除有害信号即可。

⑦短路法 短路法就是采取临时性短接一部分电路来寻找故障的方法。

⑧断路法 断路法用于检查短路故障最有效。断路法也是一种使故障怀疑点逐步缩小范围的方法。例如,某稳压电源接入一个带有故障的电路,使输出电流过大,我们采取依次断开电路的某一支路的办法来检查故障。如果断开该支路后,电流恢复正常,则故障就发生在此支路。

⑨暴露法 有时故障不明显,或时有时无,一时很难确定,此时可采用暴露法。检查虚焊时对电路进行敲击就是暴露法的一种。另外还可以让电路长时间工作一段时间,例如几小时,然后再来检查电路是否正常。这种情况下往往有些临界状态的元器件经不住

长时间工作,就会暴露出问题来,然后对症处理。

实际调试时,寻找故障原因的方法多种多样,以上仅列举了几种常用的方法。这些方法的使用可根据设备条件、故障情况灵活掌握。对于简单的故障用一种方法即可查找出故障点,但对于较复杂的故障则需采取多种方法互相补充、互相配合,才能找出故障点。在一般情况下,寻找故障的常规做法是:首先采用直接观察法,排除明显的故障;再用万用表(或示波器)检查静态工作点;最后用信号寻迹法。这种方法简单直观,对各种电路普遍适用,尤其在动态调试中广为应用。

(3) 检修时的安全事项

在检修过程中,应当切实注意安全问题。有许多安全注意事项是普遍适用的。有的是针对人身安全的以保护操作人员的安全,有的是针对电子设备的以避免测试仪器和被检设备受到损坏。对于有些专用的精密设备,还有特别的注意事项是需要在使用前引起注意的。

①许多电子设备的机壳与内电路的地线相连,测试仪器的地应与被检修设备的地相连。

②检修带有高压危险的电子设备(如电视机显像管)时,打开其后盖板时应特别留神。

③在连接测试线到高压端子之前,应切断电源。如果做不到这点,应特别注意避免碰及电路和接地物体。用一只手操作并站在有适当绝缘的地方,可减少电击的危险。

④滤波电容可能存有足以伤人的电荷。在检修电路前,应使滤波电容放电。

⑤绝缘层破损可以引起高压危险。在对这种导线进行测试前,应检查测试线是否被划破。

⑥注意仪表使用规则,以免损坏表头。

⑦应该使用带屏蔽的探头。当用探头触及高压电路时,绝不要用手去碰及探头的金属端。

⑧大多数测试仪器对允许输入的电压和电流的最大值都有明确规定,不要超过这一最大值。

⑨防止振动和机械冲击。

⑩测试前应研究待测电路,尽可能使电路与仪器的输出电容相匹配。

2 实训实例

实训实例 1　超外差收音机的安装与调试

一、实训目的

（1）学习超外差收音机的基本原理。

（2）常用电子元件的识别与简单测量。

（3）通过焊接与组装收音机掌握一般焊接技术和电子产品的组装技巧。

（4）学习收音机的调试方法。

二、安装所需仪器与器件

（1）收音机套件；

（2）万用表、稳压源、扫频仪等；

（3）电烙铁、焊锡丝、螺丝刀、镊子、钳子、剪刀等。

三、超外差收音机的工作原理

（1）收音机的基本工作原理

①发射过程

人耳所能听到的声音频率在 20 Hz～20 kHz 的范围，通常我们把这一范围叫音频，声波在空气中的传播速度（340 m/s）比起无线电波的传播速度（3×10^8 m/s）是很慢的，而且衰减得相当快，所以声音是不会传送很远的，要实现声音的远距离传送，首先应将声音通过话筒（微音器）转化为音频电信号，音频电信号是不能直接向空间发射的，必须用音频信号去调制一个等幅的高频振荡才能实现声音的远距离传输，这种等幅的高频振荡叫载波。这里音频信号称为调制信号，经过调制的载波叫已调波，已调波经调谐功率放大器放大，由发射天线辐射到空间，声音广播（简称广播）发送的组成如图 4-1-1 所示。

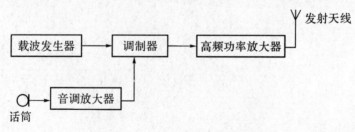

图 4-1-1　广播发射电路框图

音频对载波的调制方式有多种,一般广播采用或调幅或调频,调幅是使载波的振幅随调制信号的强弱变化,调频带是使载波的频率随调制信号的强弱变化。

我国规定调幅广播中取音频信号的最高频率为 $f_N=4.5$ kHz,则每一广播电台占有 9 kHz 的带宽。调幅广播根据载波频率的高低分为中波、中短波和短波,我国中波广播频段为 535～1 605 kHz,短波 Ⅰ 为 2.7～7 MHz,短波 Ⅱ 为 7～18 MHz。由于调频波具有抗干扰能力强,音质好的特点,目前中央和大多省市区都有调频广播,调频广播频段为 88～108 MHz,已调波带宽为 150～200 kHz。

②接收过程

接收过程与发送过程相反,它的任务是将空中传送来的电磁波接收下来,并还原成调制信号,经音频放大器放大推动扬声器发出声音。接收机的电路形式有两种:一种为高放式收音机。高放式收音机首先经输入回路选频放大器放大,再经检波和音频放大推动扬声器发出声音。高放式收音机具有灵敏度高,输出功率大的优点,但选择性差,另外高放级一般由二、三级组成,调谐比较复杂。另一种是超外差式收音机,其电路组成如图 4－1－2 所示。

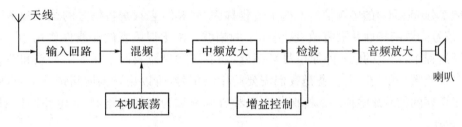

图 4－1－2　超外差收音机的组成

超外差式收音机与高放式收音机的区别是把接收到的高频信号变为频率较低的中频信号,经过中频放大器放大,再进行检波,要将高频信号变换为中频信号,接收机还需要外加一个正弦信号,这个信号叫外差信号。产生外差信号的电路叫本机振荡器,高频信号和外差信号均加到混频器,利用晶体管的非线性混频,经中频选频电路得到两者的差频信号,即 $f_1=f_0-f_s$,这个差频信号叫中频。我国规定调幅收音机中超外差收音机的中频 465 kHz(调频为 10 MHz),中频放大器的调谐回路在选台时不需要调整中频。所以目前接收机的主要形式是超外差接收机。

(2) DS05－7B 超外差式收音机介绍

DS05－7B 为 3 V 低压全硅管七管超外差式收音机,具有安装调试方便、工作稳定、声音洪亮、耗电低等优点。图 4－1－3 是其电原理图。

①输入回路

输入回路的作用是从各种无线电波和干扰信号中,选择出所要收听的电台信号,是同绕在磁棒上的线圈 T_1 和双连可变电容 C_B 及补偿电容 C_A 并联组成。由于电磁波是由天线线圈 T_1 产生感应电动势的,所以输入回路为一串谐振电路。发生串联谐振时,L_1 两端电压最高,其他频率的信号通过输入回路都会受到衰减,从而达到回路选台的目的,调节 C_B,便可改变谐振频率,从而可接收到本频率段不同电台的广播。输入回路选到的高频信号,通过 L_1、L_2 的耦合加到混频级。

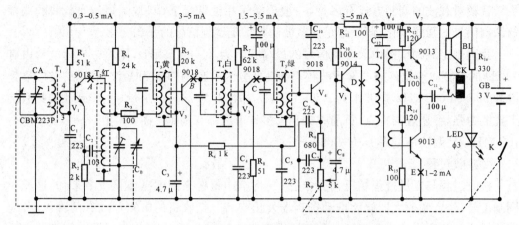

图 4 - 1 - 3　DS05 - 7B 超外差式收音机电原理图

②变频电路

由本机振荡器和混频器组成,其作用是将输入电路选出的信号(载波频率为 f_s 的高频信号)与本机振荡器产生的振荡信号(频率为 f_r)在混频器中进行混频,结果得到一个固定频率(465 kHz)的中频信号。这个过程称为"变频",它只是将信号的载波频率降低了,而信号的调制特性并没有改变,仍属于调幅波。由于混频管的非线性作用,f_s 与 f_r 在混频过程中,产生的信号除原信号频率外,还有二次谐波及两个频率的和频和差频分量。其中差频分量($f_r - f_s$)就是我们需要的中频信号,可以用谐振回路选择出来,而将其他不需要的信号滤除掉。本机振荡和混频合起来称为变频电路,变频电路图如图 4 - 1 - 4 所示。

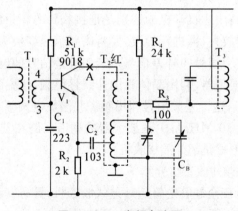

图 4 - 1 - 4　变频电路图

变频电路是以 V_1 为中心,它的作用是把通过输入调谐电路收到的不同频率电台信号(高频信号)变换成固定的 465 kHz 的中频信号。混频电路由 V_1、T_1 的次级线圈等组成,是共发射极电路。其工作过程是:(磁性天线接收的电台信号)通过输入调谐电路接收到的电台信号,通过 T_1 的次级线圈 L_2 送到 V_1 的基极,本机振荡信号又通过 C_B 送到 V_1 和发射极,两种频率的信号在 V_1 中进行混频,由于晶体三极管的非线性作用,混合的结果产生各种频率的信号,其中有一种是本机振荡频率和电台频率的差等于 465 kHz 的信号,这就是中频信号。混频电路的负载是中频变压器,T_3 的初级线圈和内部电容组成的并联谐振电路,它的谐振频率是 465 kHz,可以把 465 kHz 的中频信号从多种频率的信号中选择出来,并通过 T_3 的次级线圈耦合到下一级去,而其他信号几乎被滤掉。由于混频是利用晶体管输入特性曲线性非线来实现的,所以选择适当的工作点是十分重要的,一般变频级集电极电流为 0.3~0.5 mA。

③中频放大电路

中频放大电路其作用是将变频级送来的中频信号进行放大,一般采用变压器耦合的多级放大器。中频放大器是超外差式收音机的重要组成部分,直接影响着收音机的主要性能指标。质量好的中频放大器应有较高的增益,足够的通频带和阻带(使通频带以外的频率全部衰减),以保证整机良好的灵敏度、选择性和频率响应特性。它主要由 V_2、V_3 组成的两级中频放大器。第一中放电路中的 V_2 负载由变压器和内部电容组成,它们构成并联谐振电路,谐振频率是 465 kHz,与前面介绍的直放式收音机相比,超外差式收音机灵敏度和选择性都提高了许多,主要原因是有了中频放大电路,它比高频信号更容易调谐和放大。第二中放由 V_3 和变压器组成。中放第一级基极电流一般 3~5 mA,中放第二级基极电流一般 1.5~3.5 mA。

④检波和自动增益控制电路

检波的作用是从中频调幅信号中取出音频信号,常利用二极管来实现。由于 V_4 发射结的单向导电性,中频调幅信号通过检波三极管后将得到包含有多种频率成分的脉动电压,然后经过滤波电路滤除不要的成分,取出音频信号和直流分量。音频信号通过音量控制电位器送往音频放大器,而直流分量与信号强弱成正比,可将其反馈至中放级实现自动增益控制(简称 AGC),收音机中设计 AGC 电路的目的是:接收弱信号时,使收音机的中放电路增益增高,而接收强信号时自动使其增益降低,从而使检波前的放大增益随输入信号的强弱变化而自动增减,以保持输出的相对稳定。中频信号经一级中频放大器充分放大后由 T_4 耦合到检波管 V_4,V_4 既起放大作用,又是检波管,V_4 构成的三极管检波电路,这种电路检波效率高,有较强的自动增益控制(AGC)作用。AGC 控制电压通过 R_8 加到 V_2 的基极,其控制过程是:外信号电压 $\uparrow \rightarrow V_3 \uparrow - I_{b3} \uparrow \rightarrow I_{c3} \uparrow \rightarrow V_{c3} \downarrow$ 通过 R_4 $V_{b2} \downarrow \rightarrow I_{b2} \downarrow \rightarrow I_{c2} \downarrow \rightarrow$ 外信号电压 $\downarrow$。

⑤音频放大电路

它包括前置低频电压放大器和功率放大器,一般收音机中有一至两级低频电压放大。两级中的第一级称为前置低频放大器,第二级称为末级低频放大器。低频电压放大级应有足够的增益和频带宽度,同时要求其非线性失真和噪声都要小。功率放大器是用来对音频信号进行功率放大,用以推动扬声器还原声音,要求它的输出功率大,频率响应宽,效率高,而且非线性失真小。本机由 3 V 直流电压供电。为了提高功放的输出功率,3 V 直流电压经滤波电容 C_{12} 去耦滤波后,直接给低频功率放大器供电。

四、超外差收音机元件识别与测量

收音机在焊接前要对所有元件进行测量,以鉴别其好坏优劣。DS05‐7B 超外差式收音机元件清单如表 4‐1‐1 所示:

表 4 - 1 - 1 元件清单

序号	名称	型号规格	位号	数量
1	三极管	9018	$VT_{1,2,3}$	3 只
2	三极管	9014	VT_4	1 只
3	三极管	9013H	$VT_{5,6}$	2 只
4	发光二极管	Φ3	LED	1 只
5	磁棒线圈	5 * 13 * 55	T_1	1 套
6	中周	红、黄、白、绿	T_2、T_3、T_4、T_5	3 个
7	输入变压器	E 型	T_6	1 个
8	扬声器	8ΩΦ50	BL	1 个
9	电阻器	51 Ω、100 Ω	R_3、R_8、R_{11}、R_{13}、R_{15}	5 只
10	电阻器	120 Ω、330 Ω、680 Ω	R_{12}、R_{14}、R_{16}、R_9	4 只
11	电阻器	1 K	R_6	1 只
12	电阻器	2 K、20 K、24 K	R_2、R_5、R_4	3 只
13	电阻器	51 K、62 K、100 K	R_1、R_7、R_{10}	3 只
1	电位器	5 K(带开关插脚式)	R_P	1 只
15	电解电容	4.7 μF	C_3、C_8	2 只
16	电解电容	100 μF	C_9、C_{11}、C_{12}	3 只
17	瓷片电容	103	C_2	1 只
18	瓷片电容	223	C_1、C_4、C_5	各 3 只
19	瓷片电容	223	C_6、C_{10}、C_7	3 只
20	双联电容	CBM - 223P	C_A	1 只
21	收音机前盖			1 个
22	收音机后盖			1 个
23	刻度板			1 个
24	双联拨盘			1 个
25	电位器拨盘			1 个
26	印刷电路板			1 块
27	电原理图装配说明			1 份
28	磁棒支架			1 个
29	电池正负极片			1 套
30	连接导线			4 根
31	耳机插座			1 个
32	双联及拨盘螺丝			3 粒
33	电位器拨盘螺丝			1 粒
34	自攻螺丝			1 粒

元器件测量包括电阻、电容、电感与晶体管。对电解电容,二极管要分开正负极,对于晶体管使用前还要分清极型和 e、b、c 三个脚,否则要把元件焊到线路板后再查找问题就困难了。

(1) 电阻

现在一般都用色环电阻,关于色环电阻的读法,教材的第 1 章介绍过了,这里不再叙述。电阻的好坏,阻值的大小只要用万用表的 Ω 挡测量就可以了,测量时要注意的是:Ω 表使用时要调好零;测量时应注意选择挡位使指针尽量指示在中值附近。

(2) 电容

电容种类很多,常用的有瓷片、涤纶和电解电容。电容都直接注在电容器上,体积大的注明单位、耐压,体积小的只写数值不注单位,带小数的单位是 μF,不带小数点的单位是 pF。如标注 0.01 则该电容为 0.01 μF。而 1 000 则是 1 000 pF。现在有的电容用 nF 表示,如某电容标注的是 4n7,则该电容容量为 4 700 pF。有的磁片电容用三位数字表示,其中三位数字中的前两位表示有效数字,后一位是有效数字后面零的个数,单位是 pF,如某电容标注的是 102,则该电容容量为 1 000 pF。

电容的容量可以用电容表或有电容功能的数字万用表直接测量,无电容表时可用万用表的 Ω 挡测量其是否短路和漏电。测量方法是:用万用表 Ω 挡,负表笔(内部电池正极)接电解电容正极,正表笔(内部电池负极)接电解电容的负极,观察表针的摆动情况,刚接通的瞬间,充电电流最大,表针偏转角度最大,随着充电时间的增长,电容器上的电压逐渐升高,充电电流逐渐减小,最后停在某一位置上,此时表针指示的电阻便为漏电电阻,一般能读出漏电电阻的电容不能用。接通的瞬间,表针偏转角越大,该电容的容量就越大,若表针不动表示电容器内部断路,对于 0.1 μF 以下的电容用万用表一般很难判断其内部是否断路,只能用电容表测量或在电路中用替换的方法检查。

(3) 电感

收音机中的电感,主要是天线线圈、中周、输出变压器,对于这些变压器或电感线圈可以用专用仪器(如 Q 表,匝间短路测试仪)测量其好坏。一般用万用表 Ω 挡通过测量绕组线圈的电阻,来判断初级和次级绕阻是否短路或绕阻是否开路。

(4) 晶体管

晶体管使用前必须分清该管的极型(是 NPN 管还是 PNP 管)及引脚(即 e、b、c)。

①测 NPN 三极管:将万用表欧姆挡置"R×100"或"R×1k"处,把黑表笔接在基极上,将红表笔先后接在其余两个极上,如果两次测得的电阻值都较小,再将红表笔接在基极上,将黑表笔先后接在其余两个极上,如果两次测得的电阻值都很大,则说明三极管是好的。

②测 PNP 三极管:将万用表欧姆挡置"R×100"或"R×1k"处,把红表笔接在基极上,将黑表笔先后接在其余两个极上,如果两次测得的电阻值都较小,再将黑表笔接在基极上,将红表笔先后接在其余两个极上,如果两次测得的电阻值都很大,则说明三极管是好的。

③当三极管上标记不清楚时,可以用万用表来初步确定三极管的好坏及类型(NPN 型还是 PNP 型),并辨别出 e、b、c 三个电极。测试方法如下:

用指针式万用表判断基极 b 和三极管的类型：将万用表欧姆挡置"R×100"或"R×1k"处，先假设三极管的某极为"基极"，并把黑表笔接在假设的基极上，将红表笔先后接在其余两个极上，如果两次测得的电阻值都很小（或约为几百欧至几千欧），则假设的基极是正确的，且被测三极管为 NPN 型管；同上，如果两次测得的电阻值都很大（约为几千欧至几十千欧），则假设的基极是正确的，且被测三极管为 PNP 型管。如果两次测得的电阻值是一大一小，则原来假设的基极是错误的，这时必须重新假设另一电极为"基极"，再重复上述测试。

判断集电极 c 和发射极 e：仍将指针式万用表欧姆挡置"R×100"或"R×1k"处，以 NPN 管为例，把黑表笔接在假设的集电极 c 上，红表笔接到假设的发射极 e 上，并用手捏住 b 和 c 极（不能使 b、c 直接接触），通过人体，相当 b、c 之间接入偏置电阻，读出表头所示的阻值，然后将两表笔反接重测。若第一次测得的阻值比第二次小，说明原假设成立，因为 c、e 间电阻值小说明通过万用表的电流大，偏置正常。

④用数字万用表测量：用数字万用表测二极管的挡位也能检测三极管的 PN 结，可以很方便地确定三极管的好坏及类型，但要注意，与指针式万用表不同，数字式万用表红表笔为内部电池的正端。例：当把红表笔接在假设的基极上，而将黑表笔先后接到其余两个极上，如果表显示通（硅管正向压降在 0.6 V 左右），则假设的基极是正确的，且被测三极管为 NPN 型管。数字式万用表一般都有测三极管放大倍数的挡位（hFE），使用时先确认晶体管类型，然后将被测管子 e、b、c 三脚分别插入数字式万用表面板对应的三极管插孔中，表显示出 hFE 的近似值。

五、超外差收音机的安装

电路板是由各种电子元件通过导线连接组成的，连接电子元件的导线通常都是做成印刷电路板（PCB 板）。PCB 板是敷铜板（酚醛板、环氧板玻璃纤维）通过化学或机械方式去除不需要的部分，并在需要焊接元件的地方做成圆形焊盘打孔而成。印刷板有单面板、双面板（两面都有导电图形）、多层板之分。焊接就是将电阻、电容、电感、晶体管等元件插到焊盘的圆孔内，然后焊到印刷电路板上，形成具有特定功能的电路。

DS05-7B 超外差式收音机印刷电路板（PCB 板）如图 4-1-5 所示：

安装前先装低矮和耐热的元件（如电阻），然后再装大一点的元件（如中周、变压器），最后装怕热的元件（如三极管）。

（1）电阻的安装：将电阻的阻值选择好后根据两孔的距离弯曲电阻脚，可采用卧式紧贴电路板安装，也可采用立式安装，但高度要统一。本机型建议电阻采用立式安装。

（2）瓷片电容和三极管的脚的高度要适中，一般 3～5 mm。一般元件焊好后再剪元件的引脚，不要剪得太短，也不要太长。

（3）中周要按颜色装对位置，且要将中周的腿全部按到底才可以焊接。

（4）磁棒上的天线线圈的四根引线头可以直接用电烙铁配合松香焊锡丝来回摩擦几次即可自动镀上锡，四个线头对应地焊在线路板的铜箔面。

（5）由于调谐用的双连拨盘安装时离电路板很近，所以在它的圆周内的高出部分的元件脚在焊接前先用斜口钳剪去。

（6）耳机插座的安装：焊接时速度要快，以免烫坏插座的塑料部分而导致接触不良。

（7）发光管的安装：先将发光管装在电路板上，再将电路板装在机壳上，将发光管对准机壳上的发光管的孔后再来焊接发光管。

（8）喇叭安放到位后再用电烙铁将周围的三个塑料桩子靠近喇叭边缘烫下去把喇叭压紧以免喇叭松动。

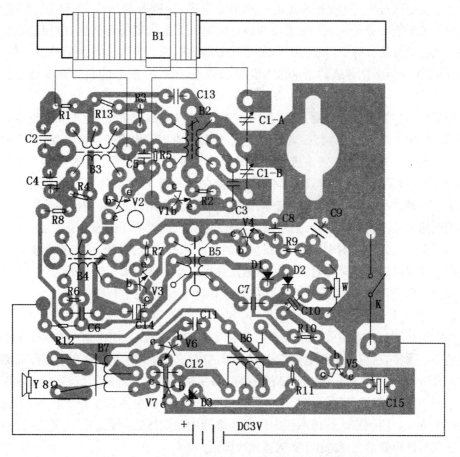

图 4 - 1 - 5　DS05 - 7B 超外差式收音机印刷电路板图

当按要求把所有的元器件焊好后，还需仔细检查元器件的规格、极性（如电解电容、二极管、三极管等元器件的极性）焊接是否有错误。是否存在有虚焊（假焊）、漏焊、错焊、短路等现象。当有错焊、连焊的焊点时容易损坏元件。经以上检验无误后，把喇叭线、电池线焊好，注意导线两端的裸线部分不要留得过长，与电路板焊接的一端有 2 毫米即可，否则易产生短路现象。

六、收音机的调试方法及步骤

当元器件正确无误焊好后，并且静态电流满足指标要求，收音机就能收听到电台的广播。为使收音机灵敏度最高，选择性最好，并能覆盖整个波段，还需进行整机调试，整机调试一般有调中频、调覆盖、调跟踪，下面分别介绍调整和测量方法。

（1）静态工作点测量及调试

测量静态工作点的顺序是从末级功放级开始，逐级向前级推进。测量各级电路静态工作点的方法是用数字万用表的直流电流挡测量各级的集电极电流，电路板上有对应的开路缺口。正常情况下可通过改变偏置电阻的大小使集电极电流达到要求值。如果集电极电流过小，一般是晶体管的 e、c 接反了，或偏置电路有问题，或是管子的 β 值过低。如果集电极电流过大，应检查偏置电阻和射极电阻，否则是晶体管的 β 值过大或损坏。若无集电极电流一般是 e、c、b 的直流通路有问题。无论出现哪种问题，应根据现象结合电路构成及原理认真分析，找出原因，如此才能得到锻炼和提高。各级的静态工作点（集电极电流）正常后需把各级的集电极开路缺口焊上，这时一般都能收听到本地电台的广播了。

如果收听不到电台的广播，则应采用信号注入法（或称干扰法）检查故障发生在哪一级，方法是：用万用表的 Ω 挡，一支表笔接地，用另一支表笔由末级功放开始，由后向前依次瞬间碰触各级的输入端，若该级工作正常扬声器发出"咔咔"声；碰触到那一级输入端若无"咔咔"声，说明后级正常，而故障可能发生在这一级，应重点检查这一级。在这一级工作点正常的情况下，一般是元件错焊、漏焊造成交流断路或短路，使传输信号中断。如果从天线输入端注入干扰信号，扬声器有明显的反应，而收听不到电台的广播，一般是本振电路不工作或天线线圈未接好（如漆包线的漆皮未刮净）造成的，应检查本振电路和天线线圈。如果出现声音时有时无。一般是元件虚焊或元件引脚相碰造成的。

当静态电流正常，并能接收到电台信号且有声音后，才能进行调中频。

（2）调中频

调中频是调节各级中放电路的中频变压器（中周）的磁芯，使之谐振在 465 kHz。调中频的方法很多，这里介绍用电台广播调中频的方法。调整的方法是在中波段高频端选择一个电台（远离 465 kHz），先将双联电容的振荡联的定片对地瞬间短路，检查本振电路工作是否正常，若将振荡联短路后声音停止或显著变小，说明本振电路工作正常，此时调中频才有意义。用无感改锥由后级向前级逐级调中频变压器的磁芯。边调边听声音（音量要适当），使声音最大，如此反复调整几次即可。

调节中频变压器（中周）的磁芯时应注意：不要把磁芯全部旋进或旋出，因为中频变压器出厂时已调到 465 kHz，接到电路后因分布参数的存在需要调节，但调节范围不会太大。

（3）调频率覆盖（调刻度）

频率覆盖是指双联电容器的动片全部旋进定片（对应低频端），至双联电容器的动片全部旋出（对应高频端）所能接收到的信号频率的范围。例如：中波段频率覆盖范围 535～1 605 kHz，留有余地的话中频覆盖应调整在：525～1 640 kHz。调覆盖又叫做调刻度，如果中波段的频率覆盖是：525～1 640 kHz，那么中波段所能接收到的各电台的频率与收音机的频率度盘上的频率刻度应基本一致，如中央一台在华北地区的广播频率为：639 kHz，调好覆盖后其频率指针应指示在 639 kHz。调覆盖时首先将调谐旋钮装好，调节频率旋钮时指针应从低端频率刻度起，到高端频率刻度止，即指针随双联电容器动片的旋出从低端向高端应走完刻度全程。用广播电台调覆盖（调刻度）的方法是：

在低频端接收一个本地区已知载波频率的电台(如淮南广播电台,载波频率为640 kHz),调节频率旋钮对准该台的频率刻度,然后调节本振线圈磁芯,使该台的音量最大。再在高频端选择一个本地区已知载波频率的电台(如安徽广播电台,载波频率为936 kHz),调节频率旋钮对准该台的频率刻度,然后调节本振回路的补偿电容 C_{1b}(半可变电容),使其音量最大。然后,再返回到低频端重复前面的调试,反复两三次即可。其基本方法可概括为:低端调电感,高端调电容。

(4) 调跟踪

调跟踪又称统调。三点统调在设计本振回路时已确定,而且在调覆盖时本振线圈磁芯和补偿电容 C_{1b} 的位置已确定,能否实现跟踪就只取决于输入回路了。所以统调(调跟踪)是调节输入回路。

用电台播音调跟踪(统调)的方法是:在低频端接收一个电台的播音(如本地区淮南电台 640 kHz),调节输入回路的天线线圈在磁棒上的位置,使声音最大;再在高频端接收一个电台(如安徽广播电台 936 kHz),调节输入回路的补偿电容 C_{1a}(半可变电容),使其声音最大。然后,再返回到低频端重复前面的调试,反复两三次即可。其基本方法可概括为:低端调输入回路的电感,高端调输入回路的补偿电容。

一般用接收电台信号调跟踪与调覆盖可同时进行,低端调本振线圈的磁芯和天线线圈在磁棒上的位置,高端调本振及输入回路的补偿电容。

实训实例 2　报警电路的安装与调试

一、实训目的

(1) 掌握 555 时基集成电路结构和工作原理,学会对此芯片的正确使用。

(2) 熟练使用 555 定时器设计简单的实用电路,并完成该电路的制作。

(3) 排除测试过程中出现的故障。

二、实训所需仪器与器件

(1) 万用表、稳压源、毫伏表、示波器等;

(2) 电烙铁、焊锡丝、螺丝刀、镊子、钳子、剪刀等;

(3) 具体器件清单如表 4 - 2 - 1。

表 4 - 2 - 1　实验使用设备器件明细表

序号	名称	符号	型号与规格	件数
1	555 定时器	IC	NE555	1
2	电阻	R_1	51 kΩ、1/4 W	1
3	电阻	R_2	20 kΩ、1/4 W	1
4	电阻	R_3	50 kΩ、1/4 W	1
5	电位器	R_P	100 kΩ、1/4 W	1
6	电容	C_1、C_3	0.01 μF/25 V	2
7	电容	C_2	100 μF/25 V	1
8	扬声器	B	8 Ω/0.25 W	1
9	电池组		1.5 V	1
10	万用电路板			1
11	细铜丝			若干

三、报警电路的工作原理

用 555 定时器构成的多谐振荡器,a、b 两端被一细铜丝接通,此细铜丝置于盗窃者必经之处。接通开关时,由于 a、b 间的细铜丝接在复位端 4 与地之间,555 定时器被强制复位,输出为低电平,扬声器中无电流,不发声。一旦盗窃者闯入室内碰断细铜丝,4 端立即获得高电平,555 定时器构成的多谐振荡器开始工作,由 3 端输出频率为音频的矩形波电压,经隔直电容后供给扬声器,扬声器发出警报声。

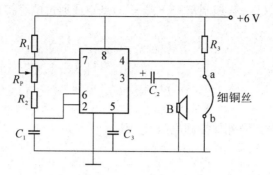

图 4 - 2 - 1 报警电路图

四、报警电路元件识别与测量

555 定时器是一种模拟–数字混合型单片中规模集成定时电路,用途十分广泛。它可以方便地构成多谐振动器、单稳触发器和施密特触发器等脉冲电路,在工业自动控制、定时、延时、报警、仿声、电子乐器等方面有广泛的应用。

555 定时器分为双极型和 CMOS 型两种,双极型定时器输出电流大,驱动负载能力强,典型产品有 NE555、5G1555 等;CMOS 型定时器功耗低,输出电流较小,典型产品有 CC7555、CC7556(双时基电路)等。

下面以 NE555 为例介绍芯片功能。

(1)电路组成

NE555 定时器内部电路如图 4 - 2 - 2 所示,一般由分压器、比较器、触发器和开关及输出等四部分组成。

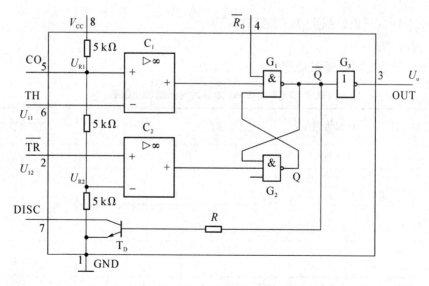

图 4 - 2 - 2 NE555 内部电路图

①分压器

分压器由三个等值的电阻串联而成,将电源电压 U_{DD} 分为三等份,作用是为比较器提

供两个参考电压 U_{R1}、U_{R2}，若控制端 CO(端子5)悬空或通过电容接地，则：

$$U_{R1} = \frac{2}{3} U_{DD}$$

$$U_{R2} = \frac{1}{3} U_{DD}$$

若控制端 CO(端子5)外加控制电压 U_S 则：

$$U_{R2} = \frac{U_S}{2}$$

②比较器

比较器是由两个结构相同的集成运放 A_1、A_2 构成。A_1 用来比较参考电压 U_{R1} 和高电平触发端电压 U_{TH}：当 $U_{TH} > U_{R1}$，集成运放 A_1 输出 $U_{o1} = 0$；当 $U_{TH} < U_{R1}$，集成运放 A_1 输出 $U_{o1} = 1$。

A_2 用来比较参考电压 U_{R2} 和低电平触发端电压 U_{TR}：当 $U_{TR} > U_{R2}$，集成运放 A_2 输出 $U_{o2} = 1$；当 $U_{TR} < U_{R2}$，集成运放 A_2 输出 $U_{o2} = 0$。

③基本 RS 触发器

当 RS = 01 时，$Q = 0$，$\overline{Q} = 1$；

当 RS = 10 时，$Q = 1$，$\overline{Q} = 0$。

④开关及输出

放电开关由一个晶体三极管组成，其基极受基本 RS 触发器输出端 $\overline{Q}$ 控制。

当 $\overline{Q} = 1$ 时，三极管导通，放电端 DISC(端子7)通过导通的三极管为外电路提供放电的通路；

当 $\overline{Q} = 0$ 时，三极管截止，放电通路被截断。

(2) 基本功能

NE555 集成定时器逻辑功能见表 4-2-2。

表 4-2-2　NE555 集成定时器逻辑功能表

高触发端 TH	低触发端 $\overline{TR}$	复位端 $\overline{R_D}$	输出 OUT	放电管 DISC
×	×	0	0	导通
$> \frac{2}{3} U_{DD}$	$> \frac{1}{3} U_{DD}$	1	0	导通
$< \frac{2}{3} U_{DD}$	$> \frac{1}{3} U_{DD}$	1	保持	保持
×	$< \frac{1}{3} U_{DD}$	1	1	截止

由表 4-2-2 可知：$\overline{R_D}$(端子4)称为复位端，当 $\overline{R_D} = 0$ 时，无论 TH(端子6)和 $\overline{TR}$(端子2)端的输入电平如何，电路输出 OUT(端子3)为 0；当 $\overline{R_D} = 1$ 时，电路正常工作时，端子 6TH 称为高触发端，该端子电平与 $\frac{2}{3} U_{DD}$ 作比较，端子 2 $\overline{TR}$ 称为低触发端，该端子电

平与 $\frac{1}{3}U_{DD}$ 作比较,故在 $\overline{R_D}=1$ 时,TH 和 $\overline{TR}$ 有三种状态组合,则 555 定时电路的输出 OUT 也有低电平 0、保持和高电平三种状态。

放电管 T_D 相当于一个开关,导通时放电端 DISC 与地接通;截止时 DISC 端悬空。

CO 端为电压控制端,用以改变高、低触发端的触发电平,不用时,经 0.01 μF 电容接地,可防止干扰引入。

(3) NE555 组成的多谐振动器

多谐振动器用于产生矩形脉冲波,一般可用门电路构成,或用 555 定时器构成,也有单片集成多谐振动器。

由 555 定时器构成的多谐振动器如图 4 - 2 - 3(a)所示,工作波形图如图 4 - 2 - 3(b) 所示。

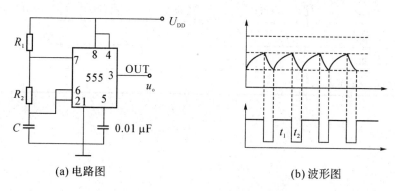

(a) 电路图　　　　　　　　　　　(b) 波形图

图 4 - 2 - 3　NE555 构成多谐振荡器及波形

其工作原理如下:接通电源时,电容 C 两端电压 $u_c=0$,故 $u_6=u_2<\frac{1}{3}U_{DD}$, u_o 为高电平。放电管 T_D 截止,则电源对 C 进行充电,充电回路为 $U_{DD} \rightarrow R_1 \rightarrow R_2 \rightarrow C \rightarrow$ 地,充电时间常数 $\tau_1=(R_1+R_2)C$,电路处于第一暂稳态。随着 C 的充电,电容 C 两端电压 u_c 逐渐升高,当 $u_c>\frac{2}{3}U_{DD}$(稳态值为 U_{DD}),即 $u_6=u_2>\frac{2}{3}U_{DD}$, u_o 为低电平。此时,放电管 T_D 由截止转为导通, C 放电,放电回路为 $C \rightarrow R_2 \rightarrow V \rightarrow$ 地,放电时间常数 $\tau_2=R_2C$,电路处于第二暂稳态。 C 放电至 $u_c<\frac{1}{3}U_{DD}$ 后,电路又翻转到第一稳态,电容 C 放电结束,再处于充电状态,重复上述过程。

其他基本器件的识别与测量请参照第 1 章基础知识。

五、报警电路的安装与调试

(1) 基本操作

①根据电路原理图,检测电子元件,判断是否合格。

②根据自己设计的元件布置图在电路板上布图。

③按图 4 - 2 - 1 所示电路原理图进行焊接(a、b 两点先不接铜丝)。

④在装配电路的时候,注意集成块不要插错或方向插反,连线不要错接或漏接,并保

证接触良好,电源和地线不要短路,以避免烧坏芯片。

（2）通电调试

①安装焊接完毕,通电调试。

②按电路所标示元件值计算报警振荡频率,填入表4-2-3中。

③改变电位器 R_P 的滑动头,用示波器观察并测量555输出端（端子3）振荡频率,并和理论值比较,计算出频率的相对误差值,填入表4-2-3中,并将观察到的波形变化情况绘制出来。

④分析电路调试过程中出现的故障及故障排除方法。

表4-2-3 输出端波形和频率测试

电位器 R_P 位置	测量值		理论值	评分记录
	$f(Hz)$	$T(ms)$	$f_0(Hz)$	$\Delta f(Hz)$
最高点				
最低点				
最高点→最低点				

实训实例 3 TDA2030 集成音频功率放大器的安装与调试

一、实训目的

(1) 掌握 TDA2030 集成芯片结构和工作原理,学会对此芯片的正确使用。

(2) 熟练使用 TDA2030 设计简单的实用电路,并完成该电路的制作。

(3) 排除测试过程中出现的故障。

二、实训所需仪器与器件

(1) 万用表、稳压源、毫伏表、示波器等;

(2) 电烙铁、焊锡丝、螺丝刀、镊子、钳子、剪刀等;

(3) 具体器件清单如表 4-3-1。

表 4-3-1 集成音频功放电器件清单

元件代号	元件名称	规格型号	数量	备注
$D_1 \sim D_4$	二极管	1N4007	4	
R_{101}、R_{201}	电阻器	RT1−0.25−1 kΩ±5%	2	
R_{102}、R_{202}	电阻器	RT1−0.25−10 kΩ±5%	2	
R_{103}、R_{203}	电阻器	RT1−0.25−1.5 kΩ±5%	2	
R_{104}、R_{204}	电阻器	RT1−0.25−5.6 kΩ±5%	2	
R_{105}、R_{205}	电阻器	RT1−0.25−1 kΩ±5%	2	
R_{106}、R_{206}	电阻器	RT1−0.25−1 kΩ±5%	2	
R_{107}、R_{207}	电阻器	RT1−0.25−33 kΩ±5%	2	
R_{108}、R_{208}	电阻器	RT1−0.25−47 kΩ±5%	2	
R_{109}、R_{209}	电阻器	RT1−0.25−300 Ω±5%	2	
R_{110}、R_{210}	电阻器	RT1−0.5−10 Ω±5%	2	
W_{101}、W_{102}、W_{103}	双联电位器	50 kΩ	3	

元件代号	元件名称	规格型号	数量	备注
$C_1 \sim C_4$	电解电容器	2 200 μF/25 V	4	
C_5、C_6	涤纶电容	0.1 μF	2	
C_{101}、C_{201}	瓷片电容器	4 700 pF	2	
C_{102}、C_{202}	瓷片电容器	22 nF	2	
C_{103}、C_{203}	瓷片电容器	220 nF	2	
C_{104}、C_{204}	瓷片电容器	22 nF	2	
C_{106}、C_{206}	电解电容器	10 μF	2	
C_{107}、C_{207}	电解电容器	47 μF	2	
C_{108}、C_{208}	涤纶电容	0.1 μF	2	
AC12~15 V	7.62 mm 接线端子	3 位	1	选配
IN_2	立式 AV 座	2 位	1	用力插紧
OUT	7.62 mm 接线端子	3 位	1	选配
IN	2.54 mm 插件座	3 位	1	选配
散热片	铝散热片	23.5 mm×15 mm×25 mm	2	
IC_1、IC_2	功放集成电路	TDA2030A	2	
螺丝钉	IC 固定螺钉	3 mm 螺丝	2	
PCB 板	电路板	98 mm×85 mm	1	

三、TDA2030 集成音频功率放大器的工作原理

电路原理如图 4-3-1，该电路由左右两个声道组成，其中 W_{101} 为音量调节电位器，W_{102} 低音调节电位器，W_{103} 为高音调节电位器。输入的音频信号经音量和音调调节后由 C_{106}、C_{206} 送到 TDA2030 集成音频功率放大器进行功率放大。该电路工作于双电源（OCL）状态，音频信号由 TDA2030 的 1 脚（同向输入端）输入，经功率放大后的信号从 4 脚输出，其中 R_{108}、C_{107}、R_{109} 组成负反馈电路，它可以让电路工作稳定，R_{108} 和 R_{109} 的比值决定了 TDA2030 的交流放大倍数，R_{110}、C_{108} 和 R_{210}、C_{208} 组成高频移相消振电路，以抑制可能出现的高频自激振荡。图 4-3-2 为电源电路，为功放电路提供 15～18 V 的正负对称电源。

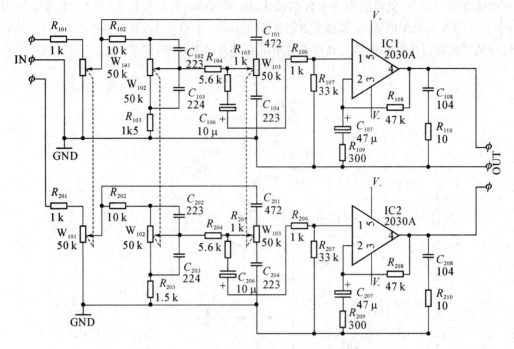

图 4‑3‑1　TDA2030 集成音频功放电路原理图

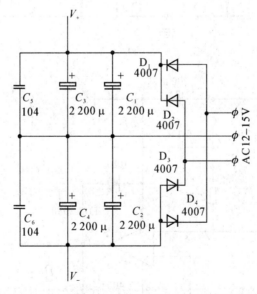

图 4‑3‑2　TDA2030 集成音频功放供电电源电路图

四、集成音频功率放大器的元件识别与测量

TDA2030 是许多音频功放产品所采用的 Hi‑Fi 功放集成块。它接法简单,价格实惠,使用方便,在现有的各种功率集成电路中,它的管脚属于最少的一类,总共 5 个引脚,外形如同塑封大功率管,给使用带来不少方便。

TDA2030 在电源电压±14 V、负载电阻为 4 Ω 时输出 14 W 功率(失真度≤0.5%);

在电源电压±16 V、负载电阻为 4 Ω 时输出 18 W 功率(失真度≤0.5%)。电源电压为 ±6～±18 V。输出电流大,谐波失真和交越失真小(±14 V/4 Ω,THD=0.5%)。具有优良的短路和过热保护电路。其接法分单电源和双电源两种,如图 4 - 3 - 3 所示。

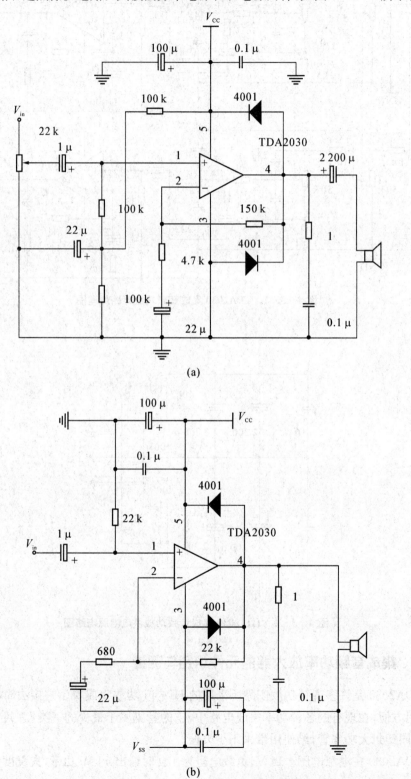

(a)

(b)

图 4 - 3 - 3　TDA2030 应用电路图

其他基本器件的识别与测量请参照第1章基础知识。

五、集成音频功率放大器的安装与调试

（1）基本操作

放大器印板图如图4-3-4,元件分布图如图4-3-5,装配图如图4-3-6。电路按图安装即可,注意芯片引脚方向。

（2）通电调试

由于集成音频功放电路结构简单,元件数量较分立元件功放少了很多,其调试方法可以参考分立元件OCL功放电路进行,调试中要求熟悉集成电路的相关引脚功能,可以通过在线测量各引脚的电阻和工作电压,对比正常时的相关参数进行检测。

图4-3-4　TDA2030集成音频功放印制板图

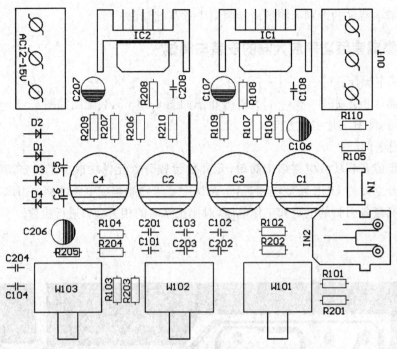

图 4 - 3 - 5　TDA2030 集成音频功放元件分布图

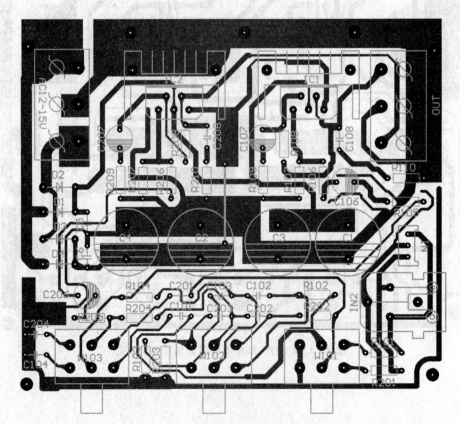

图 4 - 3 - 6　TDA2030 集成音频功放装配图

实训实例 4　DT830B 数字万用表的安装与调试

一、实训目的

（1）掌握 ICL7106 芯片结构和工作原理，学会对此芯片的正确使用。

（2）熟练使用 ICL7106 设计简单的万用表电路，并完成该电路的制作。

（3）排除测试过程中出现的故障。

二、实训所需仪器与器件

（1）万用表、稳压源、毫伏表、示波器等；

（2）电烙铁、焊锡丝、螺丝刀、镊子、钳子、剪刀等；

（3）具体器件清单如表 4-4-1。

表 4-4-1　DT830B 数字万用表器件清单

序号	名称	符号	规格	数量
1	电阻	R_{10}	0.99 0.5%	1 只
2	电阻	R_8	9 0.3%	1 只
3	电阻	R_{20}	100 0.3%	1 只
4	电阻	R_{21}	900 0.3%	1 只
5	电阻	R_{22}	9 kΩ 0.3%	1 只
6	电阻	R_{23}	90 kΩ 0.3%	1 只
7	电阻	R_{24} R_{25} R_{35}	117 kΩ 0.3%	3 只
8	电阻	R_{26} R_{27}	274 kΩ 0.3%	2 只
9	电阻	R_5	1 kΩ 5%	1 只
10	电阻	R_6	3 kΩ 1%	1 只
11	电阻	R_7	30 kΩ 2%	1 只
12	电阻	R_{30} R_4	100 kΩ 5%	2 只
13	电阻	R_1	150 kΩ 5%	1 只
14	电阻	R_{18} R_{19} R_{12} R_{13} R_{14} R_{15}	220 kΩ 5%	6 只
15	电阻	R_2	470 kΩ 5%	1 只
16	电阻	R_3	1 MΩ 5%	1 只
17	电阻	R_{32}	1.5～2 kΩ	1 只
18	瓷片电容	C_1	100 pF	1 只
19	金属化电容	C_2 C_3 C_4	100 nF	3 只

序号	名称	符号	规格	数量
20	电解电容	C_5 C_7	100 nF	2 只
21	二极管	D_3	1N4007	1 只
22	三极管	Q_1	9013	1 只
23	底壳			1 个
24	面壳			1 个
25	液晶片			1 片
26	液晶片支架			1 个
27	旋钮			1 个
28	屏蔽纸			1 张
29	功能面板			1 个
30	保险管、座			1 套
31	h_{FE} 座			1 个
32	V 形触片			6 片
33	9 V 电池			1 个
34	电池扣			1 个
35	导电胶条			1 条
36	滚珠			2 个
37	定位弹簧			2 个
38	接地弹簧			1 个
39	自攻螺钉(固定线路板)			3 个
40	电位器	VR_1		1 个
41	锰铜丝			1 个
42	表笔			1 付
43	说明书			1 本
44	电路图及注意要点			1 张

三、DT830B 数字万用表的工作原理

DT830B 型数字万用表以大规模集成电路 ICL7106 为核心,其原理框图、电路图如图 4 - 4 - 1,4 - 4 - 2 所示。输入的电压或电流信号经过一个开关选择器转换成 0～199.9 mV 的直流电压。例如输入信号 100VDC,就用 1 000∶1 的分压器获得 100.0mVDC;输入信号 100VAC,首先整流为 100VDC,然后再分压成 100.0mVDC。电流测量则通过选择不同阻值的分流电阻获得。采用比例法测量电阻,方法是利用一个内部电压源加在一个已知电阻值的电阻和串联在一起的被测电阻上。被测电阻上的电压

与已知电阻上的电压之比值,与被测电阻值成正比。输入 7106 的直流信号被接入一个
A/D 转换器,转换成数字信号,然后送入译码器转换成驱动 LCD 的 7 段码。

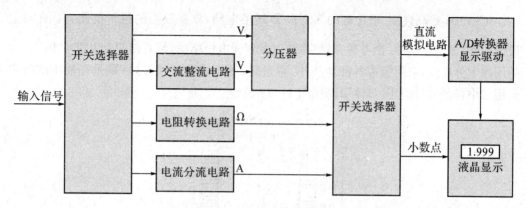

图 4‑4‑1　万用表原理框图

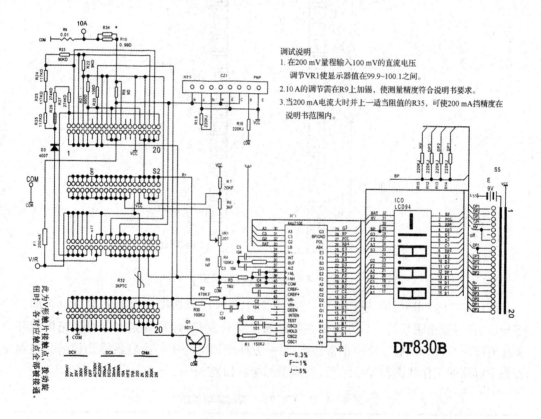

图 4‑4‑2　DT830B 电路图

A/D 转换器的时钟是由一个振荡频率约 48 kHz 的外部振荡器提供的,它经过一个
1/4 分频获得计数频率,这个频率获得 2.5 次/秒的测量速率。四个译码器将数字转换成
7 段码的四个数字,小数点由选择开关设定。

四、DT830B 数字万用表的元件识别与测量

ICL7106 是高性能、低功耗的 $3\frac{1}{2}$ A/D 转换电路,具有很强的抗干扰能力。含有七段译码器、显示驱动器、参考源、时钟系统以及背光电极驱动,可直接驱动 LCD。ICL7106 的用途十分广泛,可组装成各种体积小、重量轻、便携式数字仪表,特别是在袖珍式数字万用表中得到大量应用,具体引脚如图 4 - 4 - 3。

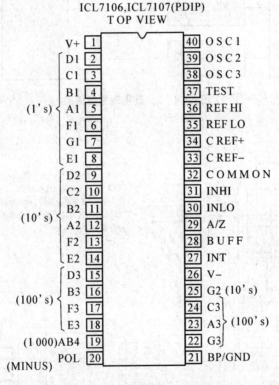

ICL7106,ICL7107(PDIP)
TOP VIEW

V+ 1	40 O S C 1
D1 2	39 O S C 2
C1 3	38 O S C 3
B1 4	37 TEST
(1's) A1 5	36 REF HI
F1 6	35 REF LO
G1 7	34 C REF+
E1 8	33 C REF−
D2 9	32 C O M M O N
C2 10	31 INHI
B2 11	30 INLO
(10's) A2 12	29 A/Z
F2 13	28 B U F F
E2 14	27 INT
D3 15	26 V−
B3 16	25 G2 (10's)
(100's) F3 17	24 C3
E3 18	23 A3 (100's)
(1 000)AB4 19	22 G3
(MINUS) POL 20	21 BP/GND

图 4 - 4 - 3 ICL7106 引脚图

ICL7106 的 DIP 封装共有 40 个引脚,ICL7106 内部包括模拟电路和数字电路两大部分,二者是互相联系的。一方面由控制逻辑产生控制信号,按规定时序将多路模拟开关接通或断开,保证 A/D 转换正常进行;另一方面模拟电路中的比较器输出信号又控制着数字电路的工作状态和显示结果,具体引脚功能如表 4 - 4 - 2。

表 4 - 4 - 2 ICL 7106 管脚功能说明

管脚名	功能说明
V_+、V_-	分别为电源的正、负端
COMMON	模拟信号的公共端,简称"模拟地",使用时通常将该端与输入信号的负端、基准电压的负端短接

管脚名	功能说明
TEST	测试端,该端经内部 500 Ω 电阻接数字电路公共端,因这两端呈等电位,故亦称之为"数字地(GND 或 DGND)""逻辑地"。此端有两个功能:一是作"测试指示",将它与 V_+ 相接后,LCD 显示器的全部笔段点亮,应显示出 1888(全亮笔段),据此可确定显示器有无笔段残缺现象;第二个功能是作为数字地供外部驱动器使用,例如构成小数点驱动电路
$A_1 \sim G_1$ $A_2 \sim G_2$ $A_3 \sim G_3$	分别为个位、十位、百位笔段驱动端,依次接液晶显示器的个、十、百位的相应笔段电极。LCD 为 7 段显示($A \sim G$),DP(Digital Point)表示小数点
AB4	千位(即最高位)笔段驱动端,接 LCD 的千位 B、C 段,这两个笔段在内部是连通的,当计数值 $N>1\ 999$ 时,显示器溢出,仅千位显示"1",其余位均消隐,以此表示过载
POL	负极性指示驱动端
BP	液晶显示器背面公共电极的驱动端,简称"背电极"
$OSC_1 \sim OSC_3$	时钟振荡器的引出端,与外接阻容元件构成两级反相式阻容振荡器
VR_+	基准电压的正端,简称"基准+",通常从内部基准电压源获取所需要的基准电压,也可采用外部基准电压,以提高基准电压的稳定性
VR_-	基准电压的负端,简称"基准—"
$CREF_+$、$CREF_-$	外接基准电容的正、负端
INHI、INLO	模拟电压输入端,分别接被测直流电压 V_{in} 的正端与负端
A/Z	外接自动调零电容 A/Z 端,该端接芯片内部积分器的反相输入端
BUFF	缓冲放大器的输出端,接积分电阻 R_{int}
INT	积分器输出端,接积分电容 C_{int}

其他基本器件的识别与测量请参照第 1 章基础知识。

五、DT830B 数字万用表的安装与调试

(1) 基本操作

DT830B 由机壳塑件(包括上下盖、旋钮)、印制板部件(包括插口)、液晶屏及表笔等组成,组装成功的关键是装配印制电路板部件,整机安装流程见图 4 - 4 - 4。

①印制电路板的安装

a. 将"DT830B 元件清单"上所有元件顺序插焊到印制电路板相应的位置上。安装电阻、电容、二极管时,如果安装孔距>8 mm(例如 R_8、R_{21} 等丝印图上画上电阻符号的)的采用卧式安装;如果孔距<5 mm 的应立式安装(例如板上丝印图画"O"的其他电阻);电容采用立式安装。

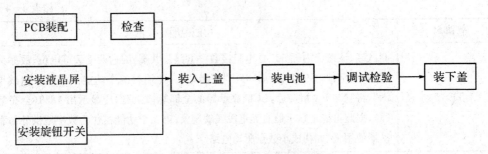

图 4 - 4 - 4　整机安装流程图

b. 安装电位器、三极管插座。注意安装方向：三极管插座装在 A 面而且应使定位凸点与外壳对准、在 B 面焊接。

c. 安装保险座、R_0、弹簧。焊接点大，注意预焊和焊接的时间。

d. 安装电池线。电池线由 B 面穿到 A 面再插入焊孔，在 B 面焊接。红线接"＋"，黑线接"－"。

②液晶屏的安装

a. 面壳平面向下置于桌面，从旋钮圆孔两边垫起约 5 mm。

b. 将液晶屏放入面壳窗口内，白面向上，方向标记在右方；放入液晶屏支架。平面向下；用镊子把导电胶条放入支架两横槽中，注意保持导电胶条的清洁。

③旋钮安装方法

a. V 型簧片装到旋钮上，共六个。

b. 装完簧片把旋钮翻面，将两个小弹簧蘸少许凡士林放入旋钮两个孔，再把两小钢珠放在表壳合适的位置上。

c. 将装好弹簧的旋钮按正确方向放入表壳。

④固定印制板

a. 将印制板对准位置装入表壳（注意：安装螺钉之后再装保险管），并用三个螺钉紧固。

b. 装上保险管和电池，转动旋钮，液晶屏应正确显示。

⑤总装

a. 贴屏蔽膜，将屏蔽膜上保护纸揭去，露出不干胶面。

b. 盖上后盖，安装后盖 2 个螺钉，至此安装、校准、检测全部完毕。

（2）上电调试

①ICL7106 的功能检测

进行功能检测的目的是判断芯片的质量好坏，进而确定数字万用表的故障是在芯片还是在外围电路，为分析原因提供重要的依据。

②数字万用表的功能和性能指标检测

a. 具有自动调零和自动显示信号极性的功能。

b. 技术指标如表 4 - 4 - 3。

表 4-4-3　DT830 型数字万用表主要技术指标

测量项目	量程	分辨力	准确度	开路电压	输入电阻	过载保护
DCV	200 mV	0.1 mV	$\pm(0.5\%RDG+2$ 字$)$		10M	1 000 V,DC 或 AC 峰值
	2 V	1 mV				
	20 V	10 mV				
	200 V	100 mV	$\pm(0.8\%RDG+2$ 字$)$			1 100 V,DC 或 AC 峰值
	1 000 V	1 V				
ACV(RMS) (45~500 Hz)	200 mV	0.1 mV	$\pm(1.0\%RDG+5$ 字$)$		10M <100 pF	750 V,AC 有效 值或峰值
	2 V	1 mV				
	20 V	10 mV				
	200 V	100 mV				
	750 V	1 V				
DCA	200 μA	0.1 μA	$\pm(1.0\%RDG+2$ 字$)$	200 mV		0.5 A 快速熔 丝管
	2 mA	1 μA				
	20 mA	10 μA				
	200 mA	100 μA				未加保护
	10 A	10 mA	$\pm(1.2\%RDG+2$ 字$)$			
ACA(RMS) (45~500 Hz)	200 μA	0.1 μA	$(1.2\%RDG+2$ 字$)$	200 mV		0.5 A 快速熔 丝管
	2 mA	1 μA				
	20 mA	10 μA				
	200 mA	100 μA				未加保护
	10 A	10 mA	$\pm(1.2\%RDG+5$ 字$)$			
0	200 mV	0.1 mV	$\pm(1.0\%RDG+3$ 字$)$	1.5 V		250 V, DC 或 AC 有效值
	2 mV	1 mV	$\pm(1.0\%RDG+2$ 字$)$	750 mV		
	20 V	10 mV				
	200 V	100 mV	$\pm(1.5\%RDG+2$ 字$)$			
	1 000 V	1 V	$\pm(2.0\%RDG+3$ 字$)$			

测量项目	分辨力	测试电流	测试电压	测量范围	过载保护
二极管挡	1 mV	$I_p=1\pm0.5$ mA	2.8 V	$V_F=0\sim1.5$ V	250 V,DC 或 AC 有效值
NPN 挡	1	$I_B=10\ \mu$A	$V_{CE}=2.8$ V	$h_{FE}=0\sim1\ 000$	
PNP 挡					
蜂鸣器挡	0.1		1.5 V	$<20\pm10$	

③基准电压调试

在装后盖前将转换开关置于 2 V 电压挡(注意防止开关转动时滚珠滑出),此时用待调整表和另一个数字表(已校准,或 4 位半以上数字表)测量同一电压值(例如测量一节电池的电压),调节表内电位器 VR1 使两表显示一致即可。盖上后盖,安装后盖上的两个螺钉。至此安装调试全部完毕。

附　录

1　常用仪器的使用

1.1　示波器

以 UTD2000 系列数字存储示波器为例,介绍示波器的使用。

UTD2000 系列数字存储示波器是小型、轻便的便携式仪器,可以用地电压为参考进行测量。UTD2000 系列数字示波器向用户提供简单而功能明晰的前面板,以方便用户进行基本的操作。UTD2000 操作面板如图附 1-1 所示:

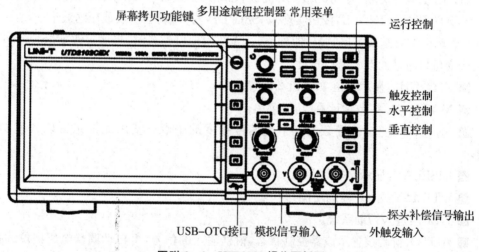

图附 1-1　UTD2000 操作面板图

面板上包括旋钮和功能按键。显示屏右侧的一列 5 个灰色按键为菜单操作键。通过它们您可以设置当前菜单的不同选项。其他按键为功能键,通过它们,您可以进入不同的功能菜单或直接获得特定的功能应用。显示屏如图附 1-2 所示。

■　"VOLTS/DIV(伏/格)"旋钮

(1) 可以使用"VOLTS/DIV"旋钮调节所有通道的垂直分辨率控制器放大或衰减通道波形的信源信号。旋转"VOLTS/DIV"旋钮时,状态栏对应的通道挡位显示发生了相应的变化。

(2) 当使用"VOLTS/DIV"旋钮的按下功能时可以在"粗调"和"细调"间进行切换,确定垂直挡位灵敏度。顺时针增大,逆时针减小垂直灵敏度。

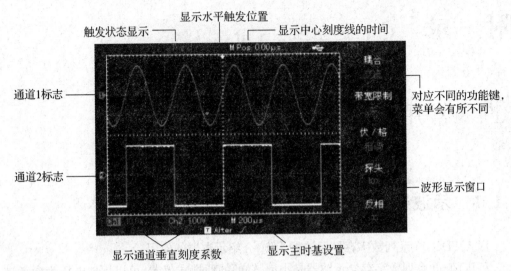

图附 1-2　界面显示区

■ "SEC/DIV"旋钮

(1) 用于改变水平时间刻度,以便放大或缩小波形。如果停止波形采集(使用"RUN/STOP"或"SINGLE"按钮实现),"SEC/DIV"控制就会扩展或压缩波形。

(2) 调整主时基或窗口时基,即秒/格。当使用窗口模式时,将通过改变"SEC/DIV"旋钮改变窗口时基而改变窗口宽度。

■ CH1、CH2:显示通道 1、通道 2 设置菜单。

■ MATH:显示"数学计算"功能菜单。

■ SET TO 50%:设置触发电平为信号幅度的中点。使用此按钮可以快速稳定波形。

■ DISPLAY:显示"显示"菜单。

■ UTILITY:显示"辅助功能"菜单。

■ HELP:进入帮助系统。

■ AUTO:自动设置示波器控制状态,根据输入的信号,可自动调整电压挡位、时基以及触发方式至最好形态显示。

■ RUN/STOP:连续采集波形或停止采集。注意:在停止的状态下,对于波形垂直挡位和水平时基可以在一定的范围内调整,相当于对信号进行水平或垂直方向上的扩展。

■ MEASURE:自动测量的功能按键。

自动测量有三种测量类型:电压测量、时间测量、延迟测量;共 32 种测量类型。一次最多可以显示 5 种。

若自动测量电压参数操作如下:

(1) 按"MEASURE"按钮进入"自动测量"菜单。

(2) 按顶端第一个选项按钮,进入自动测量第二页菜单。

(3) 选择测量分类类型,按下"电压"对应的选项按钮进入"电压测量"。

（4）按"信源"选项按钮，根据信号输入通道选择"CH1"或"CH2"。

（5）按"类型"选项按钮或旋转"万能"旋钮选择您要测量相应的图标和参数值会显示在第三个选项按钮对应的菜单处。

（6）按"返回"选项按钮会返回到自动测量的首页，所选的参数和相应的值会显示在首页的第一个选项位置。

同样方法可使所选参数和值显示在相应的位置，一次可显示 5 种参数。

注：●测量结果在屏幕上的显示会因为被测量信号的变化而改变。

●如果"值"读数中显示为＊＊＊＊，请尝试"VOLTS/DIV"旋钮旋转到适当的通道以增加灵敏度或改变"SEC/DIV"设定。

1.2　数字信号发生器

数字信号发生器是传统模拟波形发生器极佳的升级换代产品，具备传统模拟机型难以达到的一系列技术性能优势，且性价比更加出色。广泛适用于生产、教学、科研等行业单位的使用。

（1）前面板介绍

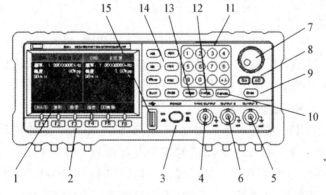

图附 1-3　前面板

1——液晶显示屏；

2——F 功能键；

3——电源开关；

4——SYNC OUTPUT，输出 TTL 电平；

5——OUTPUT A，输出 CHA 信号；

6——OUTPUT B，输出 CHB 信号；

7——滚轮，可对选中的区域进行功能选择或参数设置，操作滚轮时仪器输出实时变化；

8——左/右方向键，可以在滚轮操作时对字符位选择或者删除数字；

9——ENTER，参数设置保存和生效；

10——CANCEL，退出参数设置；

11——数字键盘,由各种参数数值设置;

13——WAVE波形键,按下此键,可用滚轮选择波形;

14——调制波形选择区,按下相应按键,仪器进入调制波输出状态。

连接好电源线与电源插座,按下前面板上的"电源开关"键,进入开机初始界面,如图附1-4所示,该界面就是基本波形界面,此时"WAVE"键应点亮。

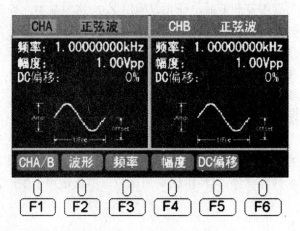

图附1-4 显示屏开机界面

(2) 信号设置

①波形选择 确认当前仪器界面,则按下"WAVE"键,进入基本波形界面。进入后默认为对OUTPUT A端口输出的CHA波形信号进行设定,此时默认CHA波形选择区高亮,可转动滚轮选择输出正弦波、方波、三角波、脉冲波、升斜波、降斜波、升指数波、降指数波、Sine(X)/X、噪声这十种波形。

如当前界面中CHA波形选择区未高亮,则按"F2—Shape"键使其高亮,再操作滚轮进行设定。液晶屏左侧CHA界面设定的波形在前面板OUTPUT A端口输出。右侧CHB界面的波形则在OUTPUT B端口输出。按下"F1—CHA/B"键即可切换CHA设定界面与CHB设定界面。加亮区在CHB设定界面内,则此时正对CHB波形信号进行设置。CHB波形选择方法与CHA相同。

②频率设置 在各波形设定界面,按"频率"对应的"F"功能键,则当前界面中的频率数字会高亮,此时即可对频率参数进行设定。按"F3—频率"键后,频率参数高亮。通过旋转滚轮,可改变频率设定值并实时输出。频率的各位数字及单位可通过左右方向键选择,选定的数字或单位会有加亮色块显示,转动滚轮来修改即可。

注意:当用方向键移动选择加亮到"kHz"时,转动滚轮可在"μHz""mHz""Hz""kHz""MHz"间切换。

频率也可以通过数字键直接输入设定,这是更直接快速设置参数的方法。按动数字键,则当前输入值会出现加亮闪动,如按"1"键盘,继续按动数字键,输入的数字将依次向左推。在数字设置过程中,按"左"方向键,可自右向左删除输入的数字。数字设定完成后,按屏幕下方所需频率单位对应的"F"功能按键,即确认了频率的数字设定,并立即输出此设定的信号。如不需改变原频率单位,则直接按"ENTER"键确认输出。

在数字设置过程中,按"CANCEL"键,则恢复此次设置前的参数及原状态。

③幅度设置 在各波形设置界面,按"幅度"对应的"F"功能键,在界面显示的幅度参数会高亮,此时即可对其进行设定。通过旋转滚轮,可改变幅度设定值并实时输出。幅度的各位数字及单位可通过左右方向键选择,选定的数字或单位会有加亮色块显示,转动滚轮来修改即可。

注意:当用方向键移动选择加亮色块到"V"时,转动滚轮可在"mV"、"V"间切换。幅度也可以通过数字键直接输入设定,这是更直接快速设置参数的方法。按动数字键,则当前输入值会出现加亮闪动,幅度的数字设定方法步骤同频率的数字设定。

1.3 电子学综合实验装置

电子学综合实验装置分为模拟电路实验和数字电路实验两部分,其面板如图附1-5所示:

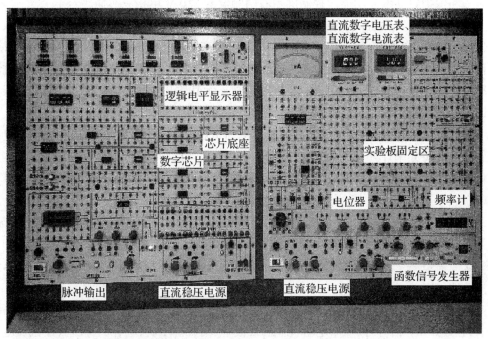

数字电路实验平台　　　　　　　　　　　　模拟电路实验平台

图附1-5 电子学综合实验装置面板

(1)数字电路实验功能板

①直流稳压电源:±5 V/1 A 两路;0.0~18 V/0.75 A 连续可调两路(通过适当的连接,可得到0~±18 V 及 0~36 V 连续可调电源),+5 V 电源还设有短路报警、指示功能,以上电源均有短路软截止自动恢复保护功能。

②脉冲信号源:计数脉冲源 0.5 Hz~300 kHz 连续可调;输出四路 BCD 码基频、二分频、四分频、八分频,基频输出频率分 1 Hz、1 kHz、20 kHz 三挡粗调,每挡附近又可进行细调;正负各两路输出的单次脉冲源。

③提供五功能逻辑笔、LED 发光二极管报警指示电路、共阴极数码管一只、蜂鸣器报警指示、十六位开关电平输出、十六位逻辑电平输入指示、六位十六进制译码显示器、拨码盘、复位按钮、扬声器、音乐片及电位器等。

④还设有高可靠圆脚集成块插座(40P 2 只、28P 1 只、24P 1 只、20P 1 只、16P 5 只、14P 6 只、8P 2 只)及镀银长紫铜管等,供插各种集成块及器件等。

⑤数字电路实验功能板设有可装、卸固定线路实验小板的插座四只,可选购数字EDA 下载板。

(2) 模拟电路实验功能板

①直流稳压电源:±5 V/1 A 两路,0.0～18 V/0.75 A 连续可调两路(通过适当的连接,可得到 0～±18 V 及 0～36 V 连续可调电源),+5 V 电源还设有短路报警、指示功能,每路电源均有短路软截止自动恢复保护功能。

②直流信号源:−5 V～+5 V 连续可调两路。

③交流电源:0 V、6 V、10 V、14 V 抽头电源一路,中心抽头 17 V 电源两路,每路电源均有短路保护自动恢复功能。控制屏左右两侧设有 220 V 单相三芯插座若干个。

④函数信号发生器:本信号发生器是由单片集成函数信号发生器及外围电路,数字电压指示及功率放大电路等组合而成。其输出频率范围为 2 Hz～2 MHz,输出幅度峰-峰值为 0～16V$_{P-P}$。可输出正弦波、方波、三角波共三种波形,由琴键开关切换选择,输出频率分七个频段选择,还设有三位 LED 数码管显示其输出幅度(峰-峰值)。输出衰减分0 dB、20 dB、40 dB、60 dB 四挡,由两个"衰减"按键选择。

⑤六位数显频率计:本频率计的测量范围为 1 Hz 至 10 MHz,有六位共阴极 LED 数码管显示。将频率计处开关(内测/外测)置于"内测",即可测量"函数信号发生器"本身的信号输出频率。将开关置于"外测",则频率计显示由"输入"插口输入的被测信号的频率。

⑥直流数字电压表:分 200 mV、2 V、20 V、200 V 四挡,直键开关切换,三位半数显,输入阻抗 10 MΩ,精度 0.5 级。

⑦直流数字毫安表:分 2 mA、20 mA、200 mA 三挡,直键开关切换,三位半数显,精度 0.5 级。

⑧设有 1 mA/100 Ω 镜面指针式精密直流毫安表、继电器、扬声器、蜂鸣器、振荡线圈、可控硅、12 V 信号灯、功率电阻、桥堆、二极管、集成稳压块、电容、三极管、按钮及电位器等。

模拟电路实验功能板设有可装、卸固定线路实验小板的插座四只,配有共射极单管放大器/负反馈放大器实验板、射极跟随器实验板、RC 正弦波振荡器实验板、差动放大器实验板及 OTL 功率放大器实验板共五块,可采用固定线路灵活组合相关的实验。

实验功能板采用 2 mm 厚的敷铜板制成,正面印有元器件图形符号、字符及连线,反面是相应连线并焊好相应器件。

2 Multisim 的基本使用方法

Multisim 是加拿大 Interactive Image Technologies 公司推出的电路设计及仿真软件。

2.1 Multisim 的基本界面

Multisim 的基本界面包括菜单栏、工具栏、零件库栏和仪表库栏、电路的工作区、启动/停止开关、暂停/恢复开关及状态栏组成,如图附 2 - 1。另外,Multisim 的界面也可以自己定制。

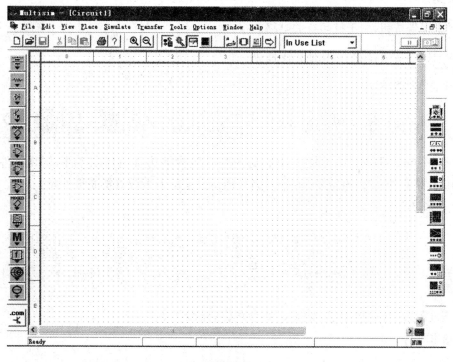

图附 2 - 1

其菜单栏为:

<u>F</u>ile <u>E</u>dit <u>V</u>iew <u>P</u>lace <u>S</u>imulate <u>T</u>ransfer <u>T</u>ools <u>O</u>ptions <u>W</u>indow <u>H</u>elp

File 菜单提供文件操作与打印命令,Edit 菜单提供剪贴功能与零件旋转命令,View 菜单提供设置环境组件的开关命令,Place 菜单提供放置的命令,Simulate 菜单提供执行仿真分析命令,Transfer 菜单提供输出命令,Tools 菜单提供零件编辑与管理命令,Options 菜单提供环境设定命令,Help 菜单提供 Multisim 的辅助说明命令。

其工具栏为：

快速工具栏除了包含常用的基本功能按钮，还包括设计工具栏按钮，下面分别介绍。

零件设计按钮。

零件编辑器按钮，用于调整或增加零件。

仪表按钮，用于给电路添加仪表或观察仿真结果。

仿真按钮，用于开始、暂停或结束电路仿真。

分析按钮，用于选择要进行的分析。

后处理按钮，用于进行对仿真结果的进一步操作。

VHDL/Verilog 按钮，用于使用 HDL 模型进行设计。

报告按钮，用于打印有关电路的报告。

传输按钮，用于与其他程序通讯。

其零件库栏为：

Multisim 不但提供了虚拟元器件，还提供了庞大的仿真用标准零件，仿真零件的数量与版本有关，教育版约为 6 000 个。另外还可以从网上下载以扩充零件库。

电源系列库：

该电源系列库均为虚拟零件，其参数可自行设定。

基本零件库：

颜色浅的图标是仿真元件库，如单击 打开电阻元件库。

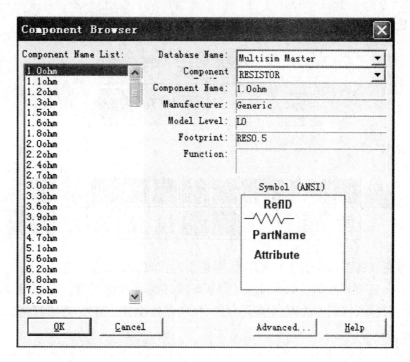

图附 2-2

  从仿真电阻元件库里可选用所需的电阻元件,它与实际电阻是相对应的。而深色图标代表的是虚拟元件,如单击 选取一个电阻,打开属性对话框,其参数可以随意设置,如图附 2-3。

图附 2-3

二极管库：

晶体管库：

同样颜色浅的图标代表仿真元件库，深色图标代表的是虚拟元件。

Multisim 还有模拟 IC 库、TTL 库、CMOS 库、杂项数字组件库、混合芯片库、指示部件库、杂项组件库、控制器件库、射频器件库、机电器件库等。另外，还可以构建自己的仿真零件库。

仪表库：

Multisim 仪表库提供了十一种虚拟仪表，有数字万用表、函数信号发生器、示波器、波特图图示仪、数字信号发生器、逻辑分析仪、逻辑转换器、失真度分析仪、网络分析仪和频谱分析仪等。它们与实际仪表相似，操作方式也一样，并且同一仿真电路可调用多台相同仪器。

2.2 Multisim 的基本操作

（1）电路的建立

①选取元器件　用鼠标左键单击所需元器件的图标，打开该库，从库中找出所需元器件的图标，然后将该图标拖拽到电路工作区。同一元件可反复拖拽。

②器件的选中　对某个元器件进行参数设置，移动修改等操作之前都要先将其选中。用鼠标左键单击该元器件，该元器件即呈红色，表示该元器件已被选中。若要连续选中多个元器件，则可用 CTRL＋鼠标左键分别单击它们。若要同时选中一组相邻的元器件可用鼠标在适当的位置拖拽，画出一个矩形框，则框内所有元器件将被选中。若要取消选中状态，只要在电路工作区域的空白处单击鼠标左键即可。

③器件的旋转和翻转　由于连线的需要，元件的方向可以旋转和翻转。先将元器件选中，单击工具栏中的"旋转""垂直翻转""水平翻转"等图标按钮，也可单击鼠标右键弹出快捷菜单 CIRCUIT，再单击 ROTATE（旋转）、FLIP VERTICAL（垂直翻转）、FLIP HORTZONTAL（水平翻转）等命令。

④元件之间的连线　大部分元器件具有很短的凸出线（端点），当鼠标指向端点时，端点会出现小黑点，只要将元件的端点用鼠标左键拖拽到另一元件的端点，当出现小黑点时，松开左键这样就完成了元件之间的连线，导线的排列由系统自动完成。元件与仪器的连线方法与上相同。

⑤元件参数的设定　选中要设定参数的元器件，在工具栏中单击元件属性图标，则可弹出元件属性对话框（图附 2 - 4）：

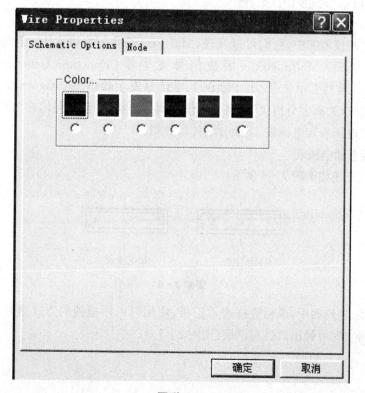

图附 2 - 4

也可双击该元器件，同样可以弹出元件属性对话框。元件属性有多种设置选项，可根据电路的具体要求逐项设定。在较复杂的电路中，需要设定一些节点，双击该节点弹出对话框，即可设置该节点的标识编号及颜色等。

⑥导线颜色的设定　双击鼠标左键可弹出导线属性对话框（图附 2 - 5）：

图附 2 - 5

在 Schematic Option 下 Color(导线颜色)按钮,则有六种颜色可供选择,单击所选的颜色,最后单击"确定"即可。值得一提的是,连接示波器与逻辑分析仪的输入线的颜色,也是显示波形的颜色,这样可以提高视觉效果。

⑦电路的存储 选择文件(File)菜单 Save 命令,弹出一标准的文件存储对话框,对所建立的电路图命名,单击 OK 按钮,就可将设计好的电路存储。到目前为止已经完成电路的建立,下面可以开始利用仪表进行测试。

(2) 电路的修改

在电路的创建过程中,或运行以后,往往需要对电路中的元器件、导线等进行部分改动,下面就介绍几种简单的修改操作。

①导线的删除 单击要删除的导线,使它变成粗黑线,单击右键弹出菜单,选择 Delete 命令,也可将鼠标指向元器件与导线的连接点,使之出现一个圆点,按下鼠标左键,拖拽该点使导线离开元器件端点,然后释放左键,导线将自动消失。

②元件的替换 双击要替换的元器件,弹出属性对话框,重新设定参数后单击 OK 按钮。

③元件的复制与删除 先选中要复制的元器件,再单击工具栏上"复制""粘贴"按钮。也可用快捷菜单中的 Cut、Copy 命令来实现。对要删除的元器件先选中,再单击鼠标右键弹出快捷菜单,然后用 Delete 键。

④元件的插入 对两端口元件,用鼠标可将要插入的元件直接拖拽到电路中相应的导线上。

2.3 虚拟仪器的使用

从工具栏的仪器库中,我们可以发现,Multisim 给我们提供了十一种虚拟仪器。它们是数字万用表(Multimeter)、函数信号发生器(Function Generator)、示波器(Oscilloscope)、波特图示仪(Bode Plotter)、字信号发生器(Word Generator)、逻辑分析仪和逻辑转换仪、失真度分析仪、频谱分析仪及网络分析仪等。另外,在工具栏显示器件库中还提供了电压表和电流表,下面分别加以介绍。

(1) 电压表和电流表

电压表电流表如图附 2-6 所示:

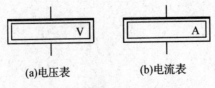

(a)电压表   (b)电流表

图附 2-6

在电压表、电流表中,黑粗边框表示正极,使用时可用拖拽的方式重复使用,没有数量限制。双击它时可弹出属性对话框(图附 2-7):

图附 2 - 7

在属性对话框 Value 中可以设置表的内阻,并可选择直流(DC)还是交流(AC)。

(2) 数字万用表

数字多用表是最基本的仪表,其图标和面板如图附 2 - 8 所示:

(a)　　　　(b)

图附 2 - 8

它可用来测量交直流电压、交直流电流和电阻。其内阻可根据需要自行设置。

(3) 函数信号发生器

函数信号发生器可以产生正弦波、三角波及方波三种信号。其图标和面板如图附 2 - 9 所示,双击该图标,可以打开函数发生器面板:

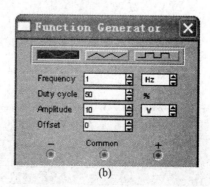

(a)　　　　　　　　　(b)

图附 2 - 9

选择所需信号的波形,然后对波形参数进行设置。Frequency 设定输出信号的频率,Duty Cycle 设定输出信号的占空比,Amplitude 设定输出信号的峰值,Offset 设定输出信号的偏值电压。

(4) 示波器

Multisim 中的示波器外观和操作与实际的双通道示波器相似,此示波器可显示一路或二路电子信号的波形,为了便于观察波形,可将两个通道的导线设置成不同的颜色。示波器的图标如图附 2-10(a)所示,双击该图标,可以打开示波器面板(图附 2-10(b)):

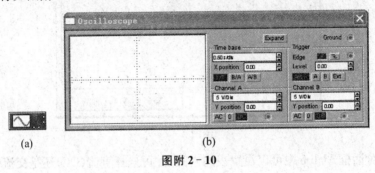

(a)   (b)

图附 2-10

示波器面板设置了下列几项参数:

Time Base(时基):用以调整 X 轴的数值,它与输入信号的频率成反比,其调整范围为 0.1 ns/div~1 s/div。

X - Position:X 轴的位移,调整范围为:-5.00~5.00,该项为 0 时信号从左边缘开始显示。

Y/T A/B B/A:Y/T 表示横坐标为时间,A/B 和 B/A 则用于显示频率和相位差。

Channel(A/B):通道 A 或 B,其电压调节范围为 0.01 mV/div~5 kV/div,要根据观察波形的幅度合理设置。

Y - Position:Y 轴位移,调整范围为 -3.00~3.00,当有双路信号输入时,要调整好 Y 轴位移,以便观察。

Trigger:触发方式,它分为内外触发、自动触发以及边沿触发。

Expand:面板扩大按钮,扩大后的面板如图附 2-11 所示:

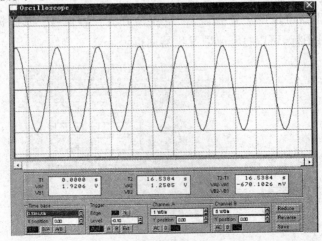

图附 2-11

其中 Reduce 键可恢复原状态,Reverse 键用来表示屏幕底色。

(5) 波特图示仪

利用波特图示仪可以绘出任一电路的频率响应,其功能相当于实验室的扫频仪。波特图示仪的图标如图附 2-12(a)所示,图标上有"IN"和"OUT"两对接线端口,其中"IN"端口的"V+"端接电路输入端正极,"V-"端接地。双击该图标可打开其面板(图附 2-12(b)):

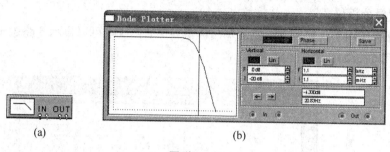

(a)　　　　　　　　　　(b)

图附 2-12

Magnitude:幅频特性按钮,幅频特性指的是被测两点的电压比值在某个频率范围内的变化规律。

Phase:相频特性按钮,相频特性指的是被测两点的相位差在某个频率范围内的变化规律。

Vertical:垂直坐标,其坐标类型有 Log(对数)和 Lin(线型)两种选择。

F、I:坐标终点和坐标起点。

Horizontal:水平坐标,除了具有与垂直坐标类似的选择外,还可以设置频率的单位。

←→:读数游标移动按钮,若移动了该读数游标,则应对电路重新仿真,以确保曲线的完整与准确。

Save:数据存储按钮,若需要保存,可单击该按钮,保存的文件为 * . BOD。

(6) 数字字元发生器

数字字元发生器可以产生一连串的 6 位字,输入到电路中以进行电路功能的验证与分析,其图标与面板如图附 2-13 所示:

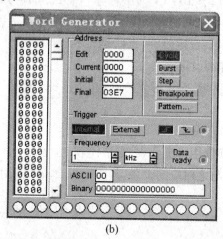

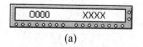

(a)　　　　　　　　　　(b)

图附 2-13

单击数字字元发生器的图标,在数字字元发生器的控制面板上可以看到很多按钮,有十六进制区、二进制区及 ASCII 码区。可使用任何一区向发生器中输入数字字元。数字字元发生器中单步(step)、间歇脉冲(burst)或周期(cycle)的设定,决定了输出是一个数字字元。一串数字字元或连续周期循环。中断点(Breakpoint)允许向间歇脉冲或周期设定的任何数字字元中输入预先设定的暂停动作。

(7) 逻辑分析仪

逻辑分析仪用于观察数字电路的输出波形,16 个接线端可以显示 6 路逻辑信号的波形,其图标和面板如图附 2-14 所示:

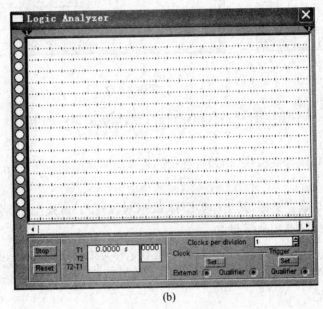

图附 2-14

Stop:停止模拟按钮。

Reset:清除显示窗口里的数据,重新仿真。

T1、T2、T2-T1:T1 为游标"1"所处的时间位置 T2 为游标"2"所处的时间位置,T1—T2 为它们之间的时间差。

Clock 区域:设定时钟,也就是显示窗口的水平轴,按 Set 钮可出现 clock setup 对话框可以进行详细设定。

Trigger 区域:设定触发方式,按 Set 钮,出现 Trigger setup 对话框,可以进行详细设定。

(8) 逻辑转换仪

逻辑转换仪用于真值表、布尔代数、电路图三者之间的相互转化,是 Multisim 特有的仪表,不存在与之对应的设备,其图标与面板如图附 2-15 所示:

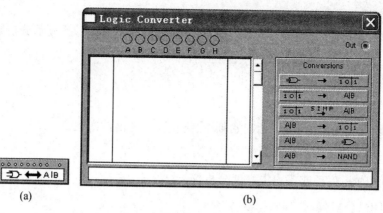

(a)　　　　　　　　　　　　　　　(b)

图附 2 - 15

其中：

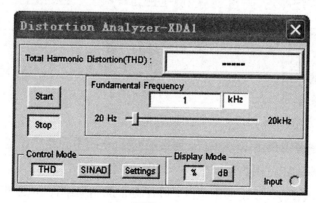 :逻辑电路转换为真值表。

 :真值表转换为逻辑表达式。

 :真值表转换为化简的逻辑表达式。

 :逻辑表达式转换为真值表。

 :逻辑表达式转换为逻辑电路。

 :与上面的功能一样,将逻辑表达式转换为逻辑电路,只是所产生的逻辑电路全部由与非门构成。

(9) 失真度分析仪

失真度分析仪是模拟电路实验中测量信号的失真度的仪表,常用于测量小失真度低频信号。单击并拖动图标 [···] 便可取出失真度分析仪,其符号为 ，双击该符号打开失真度分析仪面板图附 2 - 16,便可对失真度分析仪进行设定和观察。

图附 2 - 16

其中：

用来显示测试结果。

 用来设置分析基频,并显示分析频率范围。

THD 设定分析总谐波失真。

SINAD 设定分析信噪比。

Settings 设定分析参数,包括起始频率、终止频率和谐波次数。

Display Mode 设定百分比显示或分贝显示。

Start Stop 启动或停止失真度分析仪。

(10)频谱分析仪

频谱分析仪是用来对信号做频域分析的仪器,频谱分析仪主要功能在于测量输入信号的强度与频率,广泛用于测量调制波的频谱、正弦信号的纯度和稳定性、放大器的非线性失真、信号分析与故障诊断等许多方面。Multisim2001 提供的频谱分析仪分析频率上限可达 4 GHz。单击并拖动图标 ▦ 便可取出频谱分析仪,其符号为 ▦ ,双击该符号打开频谱分析仪面板,便可对频谱分析仪进行设定和观察。

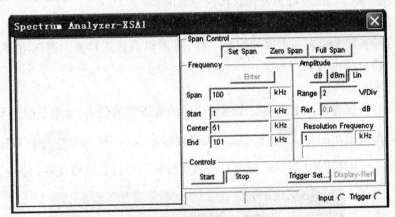

图附 2-17

其中各区域的作用:

Span Control 区域:

Set Span 频率范围由 Frequency 区域设定。

Zero Span 频率范围仅由 Frequency 区域的 Center 的中心频率设定。

Full Span 频率设定范围为全部范围,即 0~4 GHz。

Frequency 区域:Span 设定频率范围,Start 设定起始频率,Center 设定中心频率,End 设定终止频率。

Amplitude 区域:dB 表示纵坐标使用 dB 刻度,dBm 表示纵坐标使用 dBm 刻度,Lin 表示纵坐标使用线性刻度,Range 设定纵坐标每格代表多少幅值,Ref 设定参考电平。

Resolution Frequency 用来设定频率分辨率。

（11）网络分析仪

网络分析仪是一种用来分析双端口网络的仪器，它可以测量电子电路及元件的特性，通过测量电路网络，我们可以判断所设计的电路或元件是否符合规格。Multisim 提供的网络分析仪可以测量电路 S 参数并计算 H、Y、Z 参数。单击并拖动图标 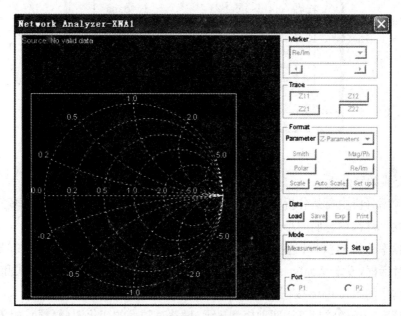便可取出网络分析仪，其符号为 ，双击该符号打开网络分析仪面板，便可对网络分析仪进行设定和观察。

图附 2－18

其中各区域的作用：

Marker 的功能是设定显示窗口数据显示模式。Trace 的功能是设定所要显示的参数。Format 的功能是设定参数格式。Data 提供数据管理功能。Mode 的功能是设定分析模式。

2.4　Multisim 分析功能介绍

Multisim 不但提供了多种虚拟仪器，而且具有多种分析功能，其中直流分析（DC）、交流分析（AC）和暂态分析（transient）是基本分析，下面分别介绍。

（1）静态工作点分析

静态工作点分析的目的是确定电路的工作点。在进行直流分析时，将交流电源设为零，在稳态条件下使电容开路及电感短路，然后计算工作点，直流分析的执行：在菜单选择 Anslysis/DC Operating Point 菜单命令，它没有其他选取项可设定。静态工作点完成后，其结果显示在分析图窗口的一张图表上，上面列出了各节点的电流电压及分支电流，如图附 2－19 所示：

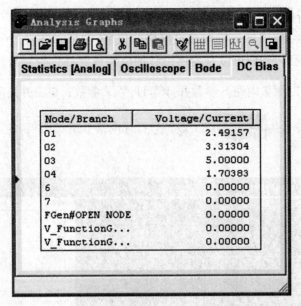

图附 2-19

(2) 交流频率分析

交流频率分析主要是分析输出与输入对于频率变化的响应,在交流频率分析中,所有的非线性元件都用它们的小信号模型处理,如二极管、三极管等。

交流频率分析的执行:选择 Analysis/Ac Frequency 菜单命令,弹出 Ac Frequency Analysis 对话框,设定 Analysis 各项目内容(包括起始与终止频率,扫描形式和点数等)。单击对话框中的 Simulate 按钮开始分析,按 ESC 停止分析。

交流频率分析的结果可用两种模型显示:增益对频率的变化图(幅频),相角对频率变化图(相频),这些图将在分析完成后显示,它与波特图示仪内容相似。如图附 2-20 所示:

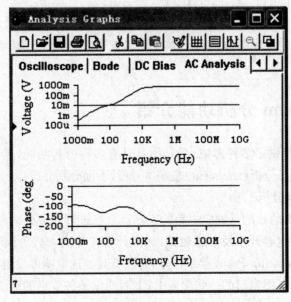

图附 2-20

（3）瞬态分析

瞬态分析又称时间领域暂态分析，Multisim 计算电路对时间的应是将每一输入周期分割为无数的时间间隔，而在周期中的每个时间点执行一直流分析。因此，每一个节点的电压有一个完整周期中的时间点的电压来决定。直流电源的值与时间相关，电容及电源有能量储存模型来描述，而数值积分方法则被用来计算在每一个时间间隔中能量的转换量。

瞬态分析的执行：先确定要分析的节点选择 Analysis/Transient 命令，弹出 Transient Analysis 对话框，如图附 2 - 21 所示：

图附 2 - 21

输出或改变对话框的内容，单击 Simulate 按钮。暂态分析的模拟结果为电压对时间的曲线图形，如图附 2 - 22 所示：

Multisim 除了上述的三种基本分析外，还有傅里叶分析、噪声分析、失真分析、参数扫描分析、温度扫描分析、极点零点分析、转移函数分析、直流及交流灵敏度分析、蒙特卡罗分析、最坏状况分析。这些分析都可以从 Analysis 菜单栏中打开，其分析的曲线，资料表格都在分析图形窗口显示，这里就不详细介绍了。

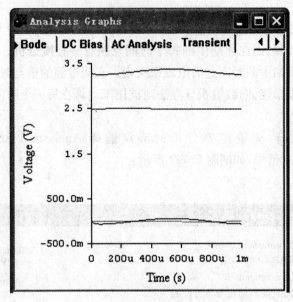

图附 2-22

3 常用集成电路符号及引脚排列

3.1 集成逻辑门电路新、旧图形符号对照

表附 3-1 集成逻辑门电路新、旧图形符号对照

名称	新国标图形符号	旧图形符号	逻辑表达式
与门			$Y=ABC$
或门			$Y=A+B+C$
非门			$Y=\overline{A}$
与非门			$Y=\overline{ABC}$
或非门			$Y=\overline{A+B+C}$
与或非门			$Y=\overline{AB+CD}$
异或门			$Y=A\overline{B}+\overline{A}B$

3.2 集成触发器新、旧图形符号对照

表附 3－2 集成触发器新、旧图形符号对照

名称	新国标图形符号	旧图形符号	触发方式
由与非门构成的基本 RS 触发器			无时钟输入，触发器状态直接由 S 和 R 的电平控制
由或非门构成的基本 RS 触发器			
TTL 边沿型 JK 触发器			CP 脉冲下降沿
TTL 边沿型 D 触发器			CP 脉冲上升沿
CMOS 边沿型 JK 触发器			CP 脉冲上升沿
CMOS 边沿型 D 触发器			CP 脉冲上升沿

3.3 常用集成电路引脚排列

1. 74LS 系列

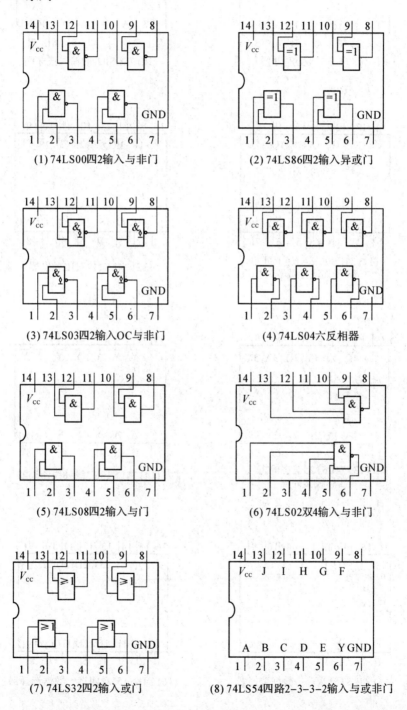

(1) 74LS00四2输入与非门

(2) 74LS86四2输入异或门

(3) 74LS03四2输入OC与非门

(4) 74LS04六反相器

(5) 74LS08四2输入与门

(6) 74LS02双4输入与非门

(7) 74LS32四2输入或门

(8) 74LS54四路2-3-3-2输入与或非门

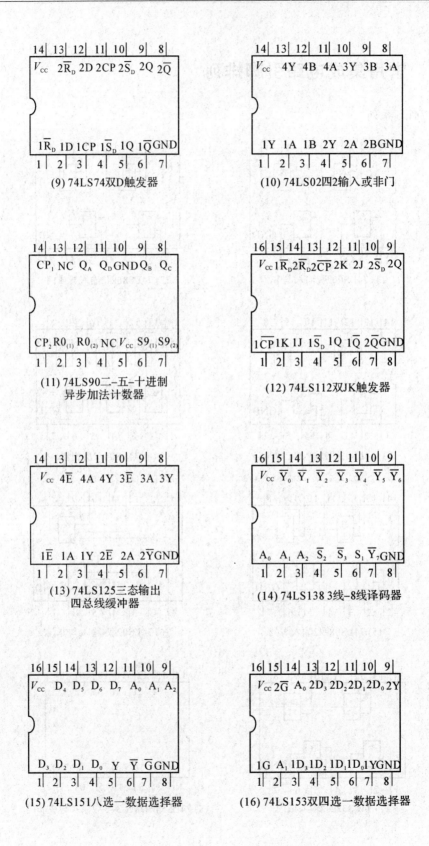

(9) 74LS74双D触发器

(10) 74LS02四2输入或非门

(11) 74LS90二–五–十进制
异步加法计数器

(12) 74LS112双JK触发器

(13) 74LS125三态输出
四总线缓冲器

(14) 74LS138 3线–8线译码器

(15) 74LS151八选一数据选择器

(16) 74LS153双四选一数据选择器

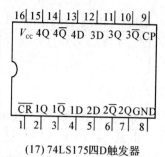

16 15 14 13 12 11 10 9

V_{CC} 4Q 4$\overline{Q}$ 4D 3D 3Q 3$\overline{Q}$ CP

$\overline{CR}$ 1Q 1$\overline{Q}$ 1D 2D 2$\overline{Q}$ 2Q GND

1 2 3 4 5 6 7 8

(17) 74LS175四D触发器

16 15 14 13 12 11 10 9

V_{CC} D_0 CR $\overline{BO}$ $\overline{CO}$ $\overline{LD}$ D_2 D_3

D_1 Q_1 Q_0 CP_D CP_U Q_2 Q_3 GND

1 2 3 4 5 6 7 8

(18) 74LS192同步十进制
双时钟可逆计数器

16 15 14 13 12 11 10 9

V_{CC} D_0 CR $\overline{BO}$ $\overline{CO}$ $\overline{LD}$ D_2 D_3

D_1 Q_1 Q_0 CP_D CP_U Q_2 Q_3 GND

1 2 3 4 5 6 7 8

(19) 74LS193二进制可
预置数加/减计数器

16 15 14 13 12 11 10 9

V_{CC} Q_0 Q_1 Q_2 Q_3 CP S_1 S_0

$\overline{CR}$ S_R D_0 D_1 D_2 D_3 S_L GND

1 2 3 4 5 6 7 8

(20) 74LS194四位双向
移位寄存器

1	CS	V_{CC}	20
2	WR₁	ILE	19
3	AGND	WR₂	18
4	D_3	XEFR	17
5	D_2	D_4	16
6	D_1	D_5	15
7	D_0	D_6	14
8	V_{REF}	D_7	13
9	R_{fB}	I_{OUT2}	12
10	DGND	I_{OUT1}	11

(21) DAC0832八位数-模转换器

1	IN_3	IN_2	28
2	IN_4	IN_1	27
3	IN_5	IN_0	26
4	IN_6	A_0	25
5	IN_7	A_1	24
6	START	A_2	23
7	EOC	ALE	22
8	D_3	D_7	21
9	OE	D_6	20
10	CLOCK	D_5	19
11	V_{CC}	D_4	18
12	$V_{REF(-)}$	D_0	17
13	GND	$V_{REF(-)}$	16
14	D_1	D_2	15

(22) ADC0809八路八位模数转换器

8 7 6 5

$+V_{CC}$ V_o

$V-$ $V+$ $-V_{CC}$

1 2 3 4

(23) uA741运算放大器

8 7 6 5

$+V_{CC}$ C_t T_B V_C

GND $\overline{T_L}$ V_o $\overline{R_D}$

1 2 3 4

(24) 555时基电路

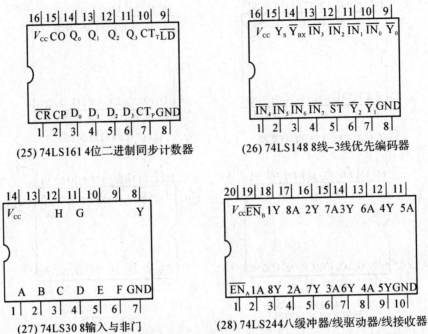

(25) 74LS161 4位二进制同步计数器

(26) 74LS148 8线-3线优先编码器

(27) 74LS30 8输入与非门

(28) 74LS244八缓冲器/线驱动器/线接收器

图附 3-1 74LS 系列集成电路引脚排列

2. CC4000 系列

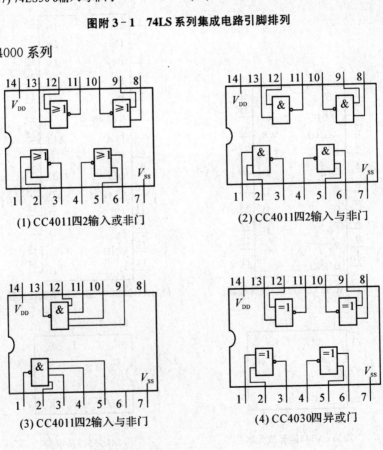

(1) CC4011四2输入或非门

(2) CC4011四2输入与非门

(3) CC4011四2输入与非门

(4) CC4030四异或门

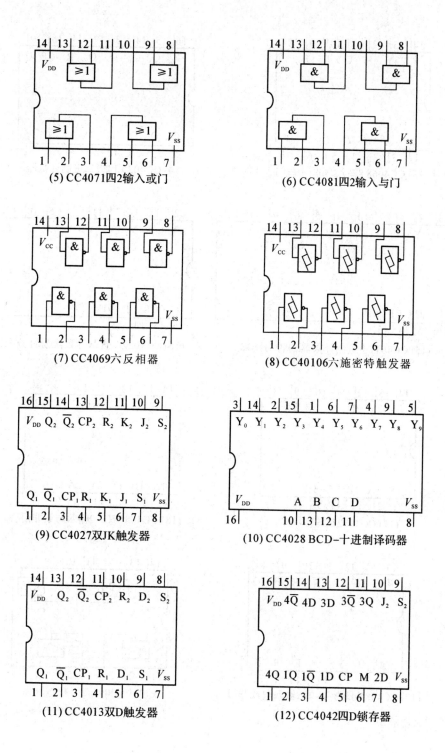

(5) CC4071四2输入或门　　　　(6) CC4081四2输入与门

(7) CC4069六反相器　　　　(8) CC40106六施密特触发器

(9) CC4027双JK触发器　　　　(10) CC4028 BCD-十进制译码器

(11) CC4013双D触发器　　　　(12) CC4042四D锁存器

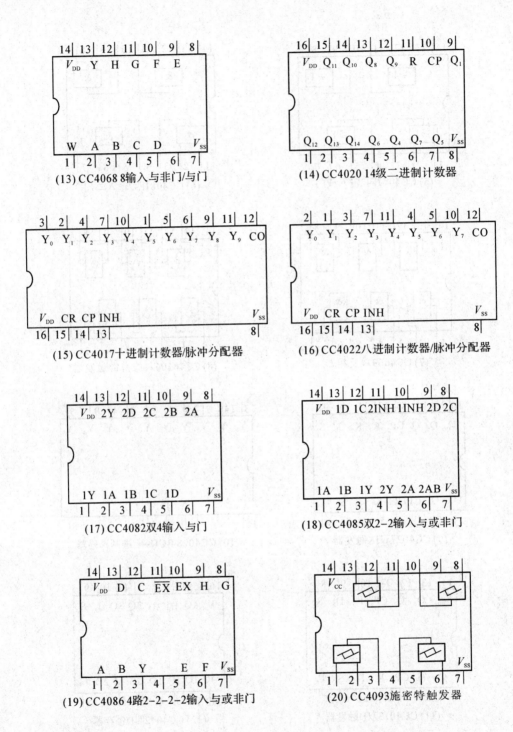

(13) CC4068 8输入与非门/与门

(14) CC4020 14级二进制计数器

(15) CC4017十进制计数器/脉冲分配器

(16) CC4022八进制计数器/脉冲分配器

(17) CC4082双4输入与门

(18) CC4085双2-2输入与或非门

(19) CC4086 4路2-2-2-2输入与或非门

(20) CC4093施密特触发器

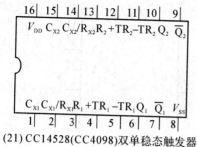

(21) CC14528(CC4098)双单稳态触发器

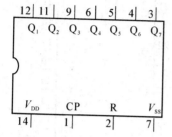

(23) CC4024 7级二进制计数器/分频器

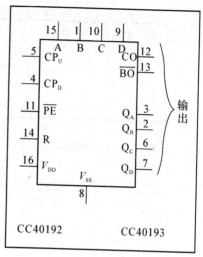

(22) 双时钟BCD可预置数
十进制同步加/减计数器

图附 3-2　CC400 系列集成电路引脚排列

3. CC4500 系列

(1) CC40194 4位双向移位寄存器

(2) CC14433三位半双积分模数转换器(A/D)

(3) CC7107

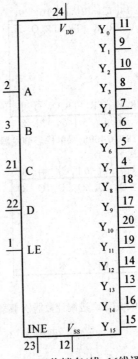

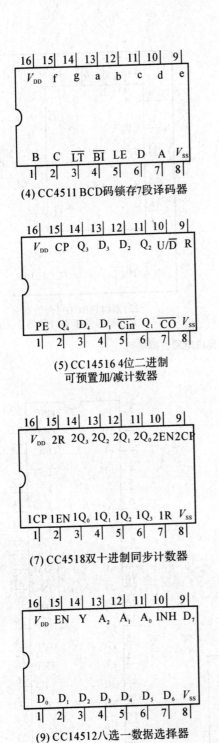

(4) CC4511 BCD码锁存7段译码器

(5) CC14516 4位二进制
可预置加/减计数器

(6) CC4514四位锁存4线–16线译码器

(7) CC4518双十进制同步计数器

(8) CC4553三位十进制计数器

(9) CC14512八选一数据选择器

(10) CC14539双4选1数据选择器

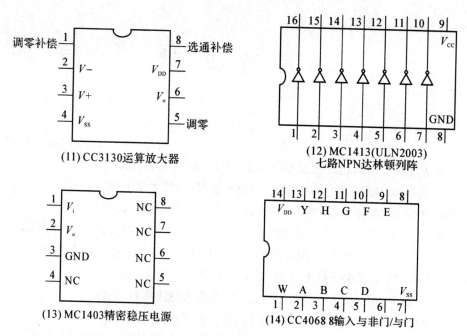

(11) CC3130运算放大器

(12) MC1413(ULN2003)
七路NPN达林顿列阵

(13) MC1403精密稳压电源

(14) CC4068 8输入与非门/与门

图附 3－3　CC4500 系列集成电路引脚排列

参 考 文 献

[1] 秦杏荣,王霞. 电路实验基础. 2 版. 上海:同济大学出版社,2011

[2] 吴祖国. 电路、信号与系统实验教程. 武汉:武汉大学出版社,2014

[3] 张保华. 电子线路实验与设计. 武汉:武汉大学出版社,2014

[4] 陈军,孙梯全. 电子技术基础实验. 南京:东南大学出版社,2013

[5] 康华光. 电子技术基础(模拟部分). 5 版. 北京:高等教育出版社,2006

[6] 渠云田. 电工电子技术. 2 版. 北京:高等教育出版社,2008

[7] 朱承高. 电工及电子技术手册. 北京:高等教育出版社,1990

[8] 崔葛瑾. 数字电路实验基础. 上海:同济大学出版社,2006

[9] 刘丽君,王晓燕. 电子技术基础实验教程. 南京:东南大学出版社,2008

[10] 巢云. 电工电子实习教程. 2 版. 南京:东南大学出版社,2014